Python

自动化办公很简单

朱宁◎编著

清华大学出版社

北京

内 容 简 介

本书详细介绍如何使用 Python 语言实现办公自动化，帮助读者显著提高办公效率，减轻重复工作带来的负担。本书在讲解知识点时结合 112 个典型案例带领读者动手实践，从而帮助他们更好地理解和应用 Python，实现自动化办公，并加深他们对 Python 编程的理解。

本书共 12 章，分为 2 篇。第 1 篇 Python 编程基础知识，主要介绍 Python 基础语法、数据类型，控制语句和函数，以及常用的 Python 自动化库和工具的用法等；第 2 篇 Python 自动化办公实战，主要介绍如何用 Python 实现 Word、Excel、PPT、PDF、Web 和邮件等相关办公任务的自动化处理，以及文件管理、日程管理和数据处理与分析等任务的自动化处理，最后简单介绍如何用 ChatGPT 进行 Python 自动化办公。

本书内容丰富，语言通俗易懂，实用性强，适合有一定 Python 语言基础而想大幅度提高办公效率的职场从业人员、管理者和对自动化办公感兴趣的人员阅读，也适合作为相关职业院校和培训机构的教材。

图书在版编目（CIP）数据

Python 自动化办公很简单 / 朱宁编著. -- 北京：
清华大学出版社, 2025. 1. -- ISBN 978-7-302-68149-6

Ⅰ. TP312.8

中国国家版本馆 CIP 数据核字第 2025LW6013 号

责任编辑：王中英
封面设计：欧振旭
责任校对：徐俊伟
责任印制：刘　菲

出版发行：清华大学出版社
　　网　　址：https://www.tup.com.cn，https://www.wqxuetang.com
　　地　　址：北京清华大学学研大厦 A 座　　　　邮　　编：100084
　　社 总 机：010-83470000　　　　　　　　　　邮　　购：010-62786544
　　投稿与读者服务：010-62776969，c-service@tup.tsinghua.edu.cn
　　质量反馈：010-62772015，zhiliang@tup.tsinghua.edu.cn
印 装 者：三河市东方印刷有限公司
经　　销：全国新华书店
开　　本：185mm×260mm　　印　　张：14.5　　字　　数：329 千字
版　　次：2025 年 3 月第 1 版　　　　　　印　　次：2025 年 3 月第 1 次印刷
定　　价：69.80 元

产品编号：108726-01

在当今数字化办公浪潮的席卷下，Python自动化办公技术以其独特的魅力崭露头角，为职场办公带来了前所未有的便捷与高效。这项技术不仅可以显著提升工作效率，有效缓解重复性工作带来的繁重压力，而且可以极大地增强数据处理与分析的精准度，成为现代办公不可或缺的"利器"。

展望未来，Python自动化办公无疑将成为一个不可阻挡的趋势，其在优化工作流程、提升工作效率和处理大数据等领域都具有广阔的应用前景。对于追求高效办公的职场人员和热爱探索新技术的人员而言，掌握Python自动化办公技术无疑会大幅度提高办公效率，帮助他们在职场竞争中抢占先机。

笔者近年亲身投入Python自动化办公实践，深刻地感受到了这项技术所蕴含的巨大潜力和实用价值。Python自动化办公技术如同一把钥匙，为笔者打开了通往高效办公的大门。从自动化处理Word文档、Excel电子表格、PPT和电子邮件，到自动化进行日程安排，再到数据处理与分析等，该技术都大幅度提升了笔者的工作效率。笔者坚信，Python自动化办公技术是一把"利剑"，能让广大职场人员的工作更加游刃有余。

为了帮助想要学习Python自动化办公技术的人员快速掌握这项技术，笔者编写了本书。本书旨在为广大职场人员提供详尽而实用的Python自动化办公应用指南，助力他们快速掌握这项技术的精髓。本书首先从Python语言的基础知识入手，然后结合112个典型案例详解如何用Python完成各种自动化办公任务，从而帮助读者在实践中提高自己的办公效率。

本书特色

❏ **轻松上手**：用通俗易懂的语言详细讲解Python自动化办公的相关技术和典型应用，即便是编程"小白"，也能轻松上手并快速提高。

❏ **案例丰富**：详解112个典型实战案例，手把手带领读者进行编程实践，从而帮助他们快速掌握并灵活运用Python自动化办公的相关技术。

❏ **经验分享**：结合笔者在Python编程实践中积累的丰富经验，为读者提供独特的视角和实用的建议，助力他们在工作中快速取得优势。

❏ **适用广泛**：无论是刚进入职场的新手或者团队管理者，还是Python程序员或者自动化办公技术的其他爱好者，都能从本书中获得有价值的知识和启发。

本书内容

第 1 篇　Python 编程基础知识

本篇包括第 1、2 章，主要介绍 Python 办公自动化的基础知识，包括 Python 的基础语法、数据类型，控制语句和函数，以及常用的 Python 自动化库和工具的用法。通过学习本篇内容，读者可以快速掌握 Python 语言的基础知识，为 Python 自动化办公打好基础。

第 2 篇　Python 自动化办公实战

本篇包括第 3～12 章，首先介绍如何用 Python 实现 Word、Excel、PPT、PDF、Web 和邮件等相关办公任务的自动化处理，然后介绍如何用 Python 实现文件管理、日程管理和数据处理与分析等任务的自动化处理，最后简单介绍用 ChatGPT 进行 Python 自动化办公的相关知识。通过学习本篇内容，读者可以系统地掌握如何用 Python 实现办公自动化，从而提升工作效率，增强职场竞争力。

读者对象

❑ 想通过 Python 大幅度提高办公效率的职场人员：帮助他们学习如何通过 Python 实现 Word、Excel、PPT 和 PDF 等办公任务的自动化。

❑ 想提升团队绩效和管理水平的管理者：帮助他们了解如何通过 Python 自动化办公技术改善和优化工作流程，从而提高团队效率。

❑ 对 Python 自动化办公技术感兴趣的开发人员：帮助他们了解 Python 自动化办公的实际应用场景，从而用 Python 实现各种自动化任务。

❑ 对 Python 自动化办公技术感兴趣的其他人员：帮助他们快速学习 Python 自动化办公的相关技术，并将其应用于日常工作中，从而提高工作效率。

配套资源获取方式

本书涉及的源代码和教学 PPT 等配套资源有两种获取方式：一是关注微信公众号"方大卓越"，回复数字"36"自动获取下载链接；二是在清华大学出版社网站（www.tup.com.cn）上搜索到本书，然后在本书页面上找到"资源下载"栏目，单击"网络资源"或"课件下载"按钮进行下载。

致谢

由衷地感谢笔者最亲爱的家人！是你们无条件的支持与鼓励，才让笔者可以心无旁骛地投入本书的写作中，最终完成了这项"浩大"的工程。

感谢清华大学出版社所有参与本书出版的工作人员！你们的专业素养和对工作的精益求精让本书的质量得到了很大的提升。

感谢写作过程中给予笔者支持和鼓励的其他人！你们的信任是笔者前进的动力源泉。

最后感谢选择本书的读者！本书因你们而有价值，希望你们能从中获得有用的知识。

售后支持

本书旨在帮助读者全面理解并掌握 Python 自动化办公技术，从而在实际工作中提高工作效率，增强职场竞争力。笔者期待读者在阅读本书的过程中体验 Python 自动化办公的无限可能性，并将这些知识应用于实际工作中，从而取得更好的工作效果。

在阅读本书的过程中如果有疑问，可以发送电子邮件到 bookservice2008@163.com 以获得帮助。

朱宁

2025 年 1 月

|目录|

第1篇　Python 编程基础知识

第 2 篇　Python 自动化办公实战

第1篇
Python 编程基础知识

第1章 Python 概述

在当今高度数字化的时代，掌握编程技能不仅对提高个人素质具有重要意义，而且对提高工作效率和实现职业发展具有巨大价值。Python 作为一种简洁、易学且功能强大的编程语言，已经在各行各业得到了广泛应用。本书旨在通过深入浅出的方式，引导读者使用 Python 实现办公自动化，从而在工作中更加得心应手，大幅度提高工作效率。为了确保读者能够顺利掌握 Python 在办公自动化方面的应用，本章首先对 Python 的基础知识进行全面介绍。

本章涉及的主要知识点如下：

- ❏ Python 基础语法：介绍 Python 编程语言的基本语法规则，为后续应用开发打下基础。
- ❏ Python 数据类型：详细讲解 Python 的数字、字符串、列表、元组、集合和字典等数据类型的特点及操作方法，以使读者能够灵活处理各种数据。
- ❏ 控制语句和函数：解析条件语句、循环语句和函数的使用方法，以便读者在编程过程中实现逻辑判断和代码模块化。

🔔注意：在学习本章内容时，请务必保持耐心和专注，因为这些基础知识将为今后在 Python 编程和办公自动化实践中提供关键支持。在学习过程中，建议动手实践每个案例，以加深对知识点的理解。希望读者在学习本章内容的过程中，逐渐建立起对学习 Python 的信心和兴趣，为接下来的办公自动化学习和实践做好充分准备。

1.1 Python 基础语法

Python 是一种简洁易读的编程语言，其基础语法包括变量、赋值语句、基本数据类型、运算符、注释、缩进、关键字，以及模块的导入和使用等。本节详细介绍这些基础知识，并配以实操示例和代码。

1.1.1 变量和赋值语句

变量是存储数据的容器，赋值语句则是将一个值赋予变量的过程。Python 是一种动态类型的语言，这意味着在声明变量时无须指定其数据类型，Python 会根据赋予变量的值自动判断数据类型。常见的变量赋值如代码 1-1 所示。

代码 1-1　变量赋值

```
name = "John Doe"
age = 25
salary = 50000.0
is_employed = True
```

上述代码创建了 4 个变量：name、age、salary 和 is_employed，并分别为它们赋了值。Python 自动将 name 识别为字符串类型，将 age 识别为整数类型，将 salary 识别为浮点数类型，而将 is_employed 识别为布尔类型。

1.1.2　基本数据类型和运算符

Python 支持多种基本数据类型，如整数、浮点数、字符串和布尔值等。这些数据类型可以通过运算符进行相应的运算。整数和浮点数的常用运算符包括加法（+）、减法（-）、乘法（*）、除法（/）、取余（%）及幂运算（**）。常见的数值型数据运算如代码 1-2 所示。

代码 1-2　数值型数据运算

```
a = 10
b = 3
c = a + b                   # 13
d = a - b                   # 7
e = a * b                   # 30
f = a / b                   # 3.3333333333333335
g = a % b                   # 1
h = a ** b                  # 1000
```

字符串可以通过加法（+）进行拼接，通过乘法（*）进行重复，如代码 1-3 所示。

代码 1-3　字符型数据运算

```
str1 = "Hello"
str2 = "World"
str3 = str1 + " " + str2    # "Hello World"
str4 = str1 * 3             # "HelloHelloHello"
```

布尔值可以通过逻辑运算符（and、or、not）进行逻辑运算，如代码 1-4 所示。

代码 1-4　布尔型数据运算

```
a = True
b = False
c = a and b                 # False
d = a or b                  # True
e = not a                   # False
```

1.1.3　注释和缩进

在 Python 中，可以使用井号（#）进行单行注释，使用 3 个单引号（'''）或 3 个双引号（"""）进行多行注释。常见的注释如代码 1-5 所示。

代码 1-5　注释代码

```
# 这是一个单行注释

'''
这是一个
多行注释
'''

"""
这也是一个
多行注释
"""
```

Python 使用缩进来表示代码块，通常使用 4 个空格进行缩进。缩进的一致性非常重要，因为它表明代码之间的层次关系。常见的缩进如代码 1-6 所示。

代码 1-6　代码缩进

```
def my_function():
    x = 10                              # 代码块 1，缩进 4 个空格
    if x > 5:
        print("x 大于 5")                # 代码块 2，缩进 8 个空格
    else:
        print("x 小于或等于 5")          # 代码块 3，缩进 8 个空格
```

🔔注意：不同层次的代码块缩进的空格数不同。

1.1.4　常用关键字

在 Python 编程语言中，一些特殊的关键字被称为保留关键字。这些关键字在编写代码时不能被用作变量名，因为它们已经被 Python 语言赋予了特殊的含义和功能。这些关键字具有严格的语法和用法，使用不当会导致编译器错误或程序运行异常。

以下是一些常用的 Python 保留关键字：

❑ if、else、elif：用于条件语句，控制程序的流程和决策。

❑ while、for：用于循环语句，重复执行一段代码直到满足条件或达到指定的次数。

❑ def、class：用于定义函数和类，组织和封装代码逻辑，提高代码的可重用性和可维护性。

❑ import：用于导入模块和库，扩展 Python 语言的功能和能力。

❑ try、except：用于异常处理，捕获和处理程序运行中出现的错误和异常情况。

在编写代码时，请避免使用这些保留关键字作为变量名，以免导致语法错误和运行异常。可以选择其他语义相近的名称来代替保留关键字作为变量名，以确保代码的正确性和可读性。

1.1.5　模块的导入和使用

模块是包含一组相关函数和变量的 Python 文件，通常以".py"结尾。要使用模块中的函数和变量，首先需要导入该模块。可以使用 import 关键字导入整个模块，或使用 from…import…语句导入模块中的特定函数或变量。

例如，导入 Python 内置的 math 模块，然后使用其中的 sqrt()函数计算平方根，如代码 1-7 所示。

代码 1-7　导入模块

```
import math

square_root = math.sqrt(16)              # 计算 16 的平方根，结果为 4.0
```

也可以仅导入 math 模块中的 sqrt()函数，如代码 1-8 所示。

代码 1-8　导入模块中的函数

```
from math import sqrt

square_root = sqrt(16)                   # 计算 16 的平方根，结果为 4.0
```

注意：导入模块时，应将导入语句放在文件的顶部，以便在文件中的任何位置都可以使用导入的模块。

1.2　Python 数据类型

Python 有多种内置的数据类型，包括数字类型、字符串类型、列表类型、元组类型、集合类型和字典类型等。这些数据类型在编程过程中起着关键作用，了解它们的特点和操作方法对编写高质量的代码至关重要。本节详细介绍这些数据类型，并为每种数据类型提供实操示例和代码。

1.2.1　数字类型及其运算

Python 的数字类型包括整数（int）和浮点数（float）。这两种数字类型可以使用算术运算符进行运算，如加法、减法、乘法、除法、取余和幂运算等。常见的数值运算如代码 1-9 所示。

代码 1-9　数值运算

```
a = 7
b = 3.5
c = a + b                                # 10.5
d = a - b                                # 3.5
```

```
e = a * b                                    # 24.5
f = a / b                                    # 2.0
g = a % b                                    # 0.5
h = a ** b                                   # 128.2791670560129
```

此外，还可以使用内置函数 round()对浮点数进行四舍五入，如代码 1-10 所示。

代码 1-10　四舍五入

```
x = 3.14159
rounded_x = round(x, 2)                      # 保留两位小数，结果为 3.14
```

1.2.2　字符串类型及其操作

字符串类型（str）是 Python 中用于表示文本数据的数据类型。可以使用单引号（'）或双引号（"）创建字符串，使用 3 个单引号（'''）或三个双引号（"""）创建多行字符串，如代码 1-11 所示。

代码 1-11　字符串类型

```
str1 = 'Hello, World!'
str2 = "Python is fun!"
str3 = '''This is a
multi-line
string.'''
```

字符串可以进行拼接、重复、切片等操作。此外，还可以使用字符串方法进行操作，如 lower()、upper()、split()、join()等，如代码 1-12 所示。

代码 1-12　字符串操作

```
# 拼接
greeting = "Hello" + " " + "World"           # "Hello World"

# 重复
repeated_str = "Python" * 3                  # "PythonPythonPython"

# 切片
sliced_str = "Python"[1:4]                    # "yth"

# 转换为小写
lower_str = "Python".lower()                 # "python"

# 转换为大写
upper_str = "Python".upper()                 # "PYTHON"

# 分割字符串
split_str = "Hello, World!".split(", ")      # ['Hello', 'World!']

# 合并字符串
joined_str = "-".join(["Python", "is", "fun"])   # "Python-is-fun"
```

1.2.3　列表类型及其操作

列表（list）是 Python 中一种有序、可变的数据结构，可以存储各种数据类型的元素，如整数、浮点数、字符串等。可以使用方括号（[]）创建列表，并使用逗号分隔元素，如代码 1-13 所示。

代码 1-13　列表类型

```
my_list = [1, 2.5, "Python", True]
```

列表的常用操作包括访问元素、修改元素、添加元素、删除元素、切片等。还可以使用列表方法进行操作，如 append()、extend()、insert()、remove()、pop()、sort()等，如代码 1-14 所示。

代码 1-14　列表操作

```
# 访问元素
first_element = my_list[0]          # 1

# 列表长度
length = len(my_list)               # 4

# 修改元素
my_list[2] = "Java"                 # [1, 2.5, "Java", True]

# 添加元素
my_list.append("new item")          # [1, 2.5, "Java", True, "new item"]

# 删除元素
del my_list[1]                      # [1, "Java", True, "new item"]

# 切片
sub_list = my_list[1:3]             # ["Java", True]

# 合并两个列表
list1 = [1, 2, 3]
list2 = [4, 5, 6]
combined_list = list1 + list2       # [1, 2, 3, 4, 5, 6]
```

1.2.4　元组类型及其操作

元组（tuple）与列表类似，是一种有序的数据结构，但元组是不可变的，即创建后无法更改。可以使用圆括号（()）创建元组，如代码 1-15 所示。

代码 1-15　元组类型

```
my_tuple = (1, 2.5, "Python", True)
```

元组的常用操作包括访问元素、切片等，如代码 1-16 所示。

代码 1-16　元组操作

```
# 访问元素
first_element = my_tuple[0]              # 1

# 切片
sub_tuple = my_tuple[1:3]                # (2.5, "Python")
```

1.2.5　集合类型及其操作

集合（set）是一种无序且不包含重复元素的数据结构。可以使用花括号（{}）创建集合，并使用逗号分隔元素。还可以使用内置函数 set()将列表或元组转换为集合，如代码 1-17 所示。

代码 1-17　集合类型

```
my_set = {1, 2, 3, 4, 4} # {1, 2, 3, 4}
```

集合的常用操作包括添加元素、删除元素、求交集、求并集、求差集等，如代码 1-18 所示。

代码 1-18　集合操作

```
# 添加元素
my_set.add(5)                            # {1, 2, 3, 4, 5}

# 删除元素
my_set.remove(1)                         # {2, 3, 4, 5}

# 交集
set1 = {1, 2, 3}
set2 = {2, 3, 4}
intersection = set1.intersection(set2)   # {2, 3}

# 并集
union = set1.union(set2)                 # {1, 2, 3, 4}

# 差集
difference = set1.difference(set1)       #{1}
```

1.2.6　字典类型及其操作

字典（dictionary）是一种无序的数据结构，用于存储键值对（Key Value Pair）。可以使用花括号（{}）创建字典，并使用逗号分隔键值对，键值对中的键和值用冒号（:）分隔，如代码 1-19 所示。

代码 1-19　字典类型

```
my_dict = {"name": "Alice", "age": 30, "city": "New York"}
```

字典的常用操作包括访问元素、修改元素、添加元素、删除元素等。还可以使用字典方法进行操作，如 keys()、values()、items()、get()、pop()、update()等，如代码 1-20

所示。

代码 1-20　字典操作

```
# 访问元素
name = my_dict["name"]          # "Alice"

# 修改元素
my_dict["age"] = 31             # {"name": "Alice", "age": 31, "city": "New
                                # York"}

# 添加元素
my_dict["job"] = "Engineer"     # {"name": "Alice", "age": 31, "city": "New
                                # York", "job": "Engineer"}

# 删除元素
del my_dict["city"]             # {"name": "Alice", "age": 31, "job":
                                # "Engineer"}

# 获取所有键
keys = my_dict.keys()           # ["name", "age", "job"]

# 获取所有值
values = my_dict.values()       # ["Alice", 31, "Engineer"]

# 获取所有键值对
items = my_dict.items()         # [("name", "Alice"), ("age", 31),
                                # ("job", "Engineer")]

# 使用 get 方法访问元素（当键不存在时返回默认值）
city = my_dict.get("city", "Not found")       # "Not found"

# 更新字典
my_dict.update({"city": "Boston", "age": 32})
        # {"name": "Alice", "age": 32, "job": "Engineer", "city": "Boston"}
```

　　了解并熟练掌握这些数据类型及其操作方法，对编写高质量的 Python 代码和实现各种功能至关重要。在实际编程过程中，这些数据类型在许多情况下都非常实用。

1.3　控制语句和函数

　　在编程过程中，控制语句和函数的使用对实现逻辑判断、循环、代码模块化等功能至关重要。本节介绍 Python 的条件语句、循环语句和函数的使用方法，并提供一些实操示例和代码。

1.3.1　条件语句和循环语句

　　条件语句（if…elif…else）用于根据特定条件执行不同的代码块。循环语句（for和 while）用于重复执行一段代码，直到满足特定条件。条件语句和循环语句的使用如代码 1-21 所示。

代码 1-21　条件语句和循环语句的使用

```python
# 条件语句
x = 10

if x < 0:
    print("x is negative")
elif x == 0:
    print("x is zero")
else:
    print("x is positive")

# for 循环
for i in range(5):
    print(i)

# while 循环
counter = 0

while counter < 5:
    print(counter)
    counter += 1
```

1.3.2　函数的定义和调用

函数是一段用于执行特定任务的代码块。可以使用 def 关键字定义函数，并通过函数名进行调用。代码 1-22 是一个简单的函数定义和调用的例子。

代码 1-22　函数的定义和调用

```python
def greet(name):
    return "Hello, " + name + "!"

greeting = greet("Alice")
print(greeting)                      # "Hello, Alice!"
```

1.3.3　函数的参数和返回值

函数可以接收参数，并根据参数返回不同的结果。函数可以有多个参数，还可以设置默认值。此外，函数可以元组的形式返回多个值，如代码 1-23 所示。

代码 1-23　函数的参数和返回值

```python
def power(x, n=2):
    return x ** n

result1 = power(3)                   # 9，默认 n 为 2
result2 = power(3, 3)                # 27，使用传入的 n

def divide(a, b):
```

```
    quotient = a // b
    remainder = a % b
    return quotient, remainder

quotient, remainder = divide(10, 3)   # 3, 1
```

1.3.4　匿名函数和高阶函数

匿名函数（lambda）是一种简洁的定义函数的方式，常用于需要简单函数的场景。高阶函数（如 map、filter 和 reduce）则接收函数作为参数，并对数据进行处理。这两种函数的用法如代码 1-24 所示。

代码 1-24　匿名函数和高阶函数

```
square = lambda x: x ** 2
result = square(4)                                       # 16

# 使用 map 函数
numbers = [1, 2, 3, 4, 5]
squares = list(map(lambda x: x ** 2, numbers))           # [1, 4, 9, 16, 25]

# 使用 filter 函数
even_numbers = list(filter(lambda x: x % 2 == 0, numbers))  # [2, 4]

# 使用 reduce 函数
from functools import reduce
product = reduce(lambda x, y: x * y, numbers) # 1 * 2*3 * 4 * 5 = 120
```

1.3.5　异常处理机制

在编程的过程中，可能会遇到各种异常。为了保证程序的健壮性，需要捕获并处理这些异常。Python 提供了 try…except 语句来进行异常处理。代码 1-25 是一个简单的异常处理示例。

代码 1-25　异常处理机制

```
try:
    # 尝试执行某些可能引发异常的操作
    pass
except TypeError:
    # 当发生 TypeError 时执行
    pass
except ValueError:
    # 当发生 ValueError 时执行
    pass
finally:
    # 无论是否发生异常，都会执行
    pass
```

通过掌握这些控制语句和函数，读者将够编写更加灵活、高效且健壮的 Python 代码。后续章节将介绍如何应用这些基础知识来实现 Python 自动化办公。

1.4　小　　结

通过对本章的学习，我们已经了解了 Python 的基本语法和数据类型，以及控制语句和函数的使用。接下来将介绍如何将这些知识应用于自动化办公场景，例如如何处理各种文件格式，如文本文件、CSV 文件、Excel 文件等，以及如何实现电子邮件、网络请求、数据库操作等相关的自动化。

编程就像搭积木，每个基础知识点都是构建更高级应用的基石。只有熟练掌握这些基础知识，才能在实际应用中编写出高质量、易于维护的代码。所以，在深入学习自动化技巧之前，建议读者先熟练掌握本章所涉及的基本知识。

编程是一项实践性很强的工作，多做练习和尝试，能更快地掌握 Python 自动化办公所需的各种技巧。在实际工作中应用这些技能，会使工作效率得到极大的提高，同时也能体会到编程带来的乐趣。

第 2 章　常用的 Python 自动化库和工具

在当今数字化的办公环境中，Python 作为一种功能强大且易学的编程语言，正成为自动化办公的理想选择。Python 拥有丰富的库和工具，可以帮助我们简化日常办公任务，提高工作效率，甚至解决一些复杂的问题。本章将介绍一些在 Python 自动化办公过程中常用的库和工具。这些库和工具涵盖从数据处理到 Web 自动化，从计算机视觉到 HTTP 请求等多个领域。此外，本章还将介绍一些与编程环境、版本控制、代码检查和文档生成等相关的实用工具。掌握这些库和工具有助于提高自动化办公的效率和质量。

本章分为两部分：第一部分介绍一些常用的 Python 库，这些库为用户提供了自动化办公中实现各种功能所需的方法和接口；第二部分介绍一些实用的 Python 工具，这些工具可以帮助用户更高效地开发、调试和部署 Python 代码。每节会提供一个简要的库或工具介绍，以及一个实际应用的例子。

本章涉及的主要知识点如下：

❑ 常用的 Python 库：涵盖自动化办公过程中为实现不同功能和目的而使用的一系列核心 Python 库。

❑ 常用的 Python 工具：探讨在编写、运行、测试及维护 Python 代码过程中所需的辅助工具和平台。

2.1　常用的 Python 库

在编写 Python 自动化脚本时，使用常见的 Python 库可以更加高效地完成任务。Python 拥有丰富的开源库，涵盖各个领域，从数值计算到自然语言处理，从数据处理到机器学习，都有相应的库可以使用。本章将介绍一些常用的 Python 库，例如 NumPy、pandas、PyAutoGUI、Selenium、OpenCV、Requests 及 Beautiful Soup，并通过实际案例来演示它们的强大功能。这些库可以用于各种自动化任务，例如数据处理、网络爬虫、自动化测试、图像处理等。

2.1.1　NumPy：数值计算库

NumPy（Numerical Python）是一个强大的数值计算库，提供了高性能的多维数组对象和各种数学操作函数,其标志如图 2.1 所示。在科学计算、数据分析等领域,NumPy 都有广泛的应用。它能够处理包含数千甚至数百万元素的数组,比 Python 自带的列表对象要快得多。

图 2.1　NumPy 标志

NumPy 的核心是一个被称为 ndarray(N-dimensional array)的多维数组对象,它是一个由相同类型元素组成的表格,可以是任意维度。在 NumPy 中,维度被称为轴(axis),轴的数量被称为秩(rank)。例如,代码 2-1 是一个一维数组(即秩为 1 的数组)和一个二维数组(即秩为 2 的数组)。

代码 2-1　NumPy数组

```python
import numpy as np

# 一维数组
a = np.array([1, 2, 3])

# 二维数组
b = np.array([[1, 2, 3], [4, 5, 6]])
```

NumPy 提供了许多常见的数学函数,如 sin、cos、exp、log 等,它们可以作用于 ndarray 对象的每个元素上。代码 2-2 是一个使用 NumPy 计算正弦函数的示例。

代码 2-2　NumPy计算正弦函数

```python
import numpy as np

# 创建一个包含 0 到 π 的等间隔数列
x = np.linspace(0, np.pi, 100)

# 计算每个元素的正弦函数
y = np.sin(x)
```

除了基本的数组和数学函数外,NumPy 还提供了一些高级功能,例如数组索引和切片,即 NumPy 支持基于下标的索引和切片,可以快速地访问数组的子集。代码 2-3 展示如何获取二维数组 b 的第一行、第二列和第三列。

代码 2-3　NumPy获取切片

```python
import numpy as np

b = np.array([[1, 2, 3], [4, 5, 6]])
```

```
# 获取第一行
print(b[0])

# 获取第二列和第三列
print(b[:, 1:])
```

NumPy 提供了许多改变数组形状的方法，如 reshape、transpose、flatten 等。代码 2-4 是一个将二维数组 b 转置的示例。

代码 2-4　NumPy数组转置

```
import numpy as np

b = np.array([[1, 2, 3], [4, 5, 6]])

# 转置
print(b.T)
```

NumPy 支持各种数学运算，如加、减、乘、除、矩阵乘积等。代码 2-5 是一个使用 NumPy 计算两个向量的点积的示例。

代码 2-5　NumPy数组运算

```
import numpy as np

a = np.array([1, 2, 3])
b = np.array([4, 5, 6])

# 计算点积
print(np.dot(a, b))
```

总之，NumPy 是一个功能强大的数值计算库，具有快速数组处理的能力、丰富的数学函数库和高效的数组运算功能。如果需要进行大规模的数值计算，NumPy 将是不可或缺的利器。

2.1.2　pandas：数据处理库

pandas 被广泛应用于数据科学和机器学习领域，它可以轻松地处理和分析大量数据，其标志如图 2.2 所示。pandas 提供了两个主要的数据结构：Series 和 DataFrame。

图 2.2　pandas 标志

Series 是一种一维数组，可以存储任意类型的数据。DataFrame 则是由多个 Series 组成的表格，类似于 Excel 中的工作表。DataFrame 可以方便地进行数据的筛选、切片、聚合等操作。代码 2-6 是一个简单的 pandas 应用示例。

代码 2-6　pandas应用示例

```python
import pandas as pd

data = {
    "Name": ["张三", "李四", "王五", "赵六"],
    "Age": [28, 25, 23, 30],
    "City": ["杭州", "北京", "上海", "南京"]
}

df = pd.DataFrame(data)
print(df)
```

输出结果如下：

```
    Name    Age    City
0   张三      28     杭州
1   李四      25     北京
2   王五      23     上海
3   赵六      30     南京
```

pandas 提供了许多内置函数和方法，可以轻松地进行数据处理和分析。例如，可以使用 read_csv()函数读取 CSV 文件，使用 to_csv()函数将 DataFrame 数据写入 CSV 文件，使用 sort_values()函数按照指定的列进行排序等。代码 2-7 是一个简单的 pandas 应用示例，展示如何读取一个 CSV 文件并对数据进行处理。

代码 2-7　pandas读取数据

```python
import pandas as pd
import matplotlib.pyplot as plt

# 读取 CSV 文件
df = pd.read_csv('data.csv')

# 打印数据的前 5 行
print(df.head())

# 统计每列数据的基本统计量
print(df.describe())

# 绘制数据柱状图
df.plot(kind='bar')
plt.show()
```

在上面的代码中，首先通过 read_csv()函数读取名为 data.csv 的 CSV 文件，并将其存储为 DataFrame 对象 df。然后使用 head()函数打印前 5 行数据，使用 describe()函数统计每列数据的基本统计量，如平均数、标准差、最小值、最大值等。最后，使用 plot()函数将数据以柱状图的形式进行可视化展示。

2.1.3　PyAutoGUI：自动化库

PyAutoGUI 是一个跨平台的 GUI 自动化库，用于控制鼠标和键盘操作。使用 PyAutoGUI 可以实现自动填表、自动单击等任务。

代码 2-8 是一个简单的示例，演示如何使用 PyAutoGUI 模拟鼠标和键盘操作。

代码 2-8　PyAutoGUI示例

```python
import pyautogui
import time

# 1秒后开始模拟鼠标和键盘操作
time.sleep(1)

# 移动鼠标到(10, 10)的位置，并在该位置单击
pyautogui.moveTo(10, 10, duration=0.5)
pyautogui.click()

# 在当前位置输入文本
pyautogui.typewrite('Hello, PyAutoGUI!', interval=0.5)

# 按 Ctrl+C 组合键
pyautogui.hotkey('ctrl', 'c')

# 在记事本中粘贴
pyautogui.click(10, 10)
pyautogui.hotkey('ctrl', 'v')
```

上述代码首先使用 time.sleep()函数等待 1 秒，然后使用 pyautogui.moveTo()函数将鼠标移动到(10, 10)的位置，并在该位置单击。接着，使用 pyautogui.typewrite()函数在当前位置输入文本，其中 interval 参数指定了每个字符之间的时间间隔。最后使用 pyautogui.hotkey()函数并按 Ctrl+C 组合键复制文本，在记事本中粘贴。该示例演示了 PyAutoGUI 的几种基本操作，包括鼠标和键盘模拟、等待、文本输入和快捷键操作。

PyAutoGUI 是一个非常实用的自动化库，可以用于各种自动化任务。

注意：在实际应用中，需要仔细考虑各种情况，并编写相应的异常处理代码，以确保脚本的稳定运行。

2.1.4　Selenium：Web 自动化库

Selenium 是一款常用的 Web 自动化库，它可以模拟用户在浏览器中的操作，例如打开网页、输入内容、单击按钮、获取元素等。通过 Selenium 可以编写自动化脚本，完成诸如自动化测试、数据采集、爬虫等任务，其标志如图 2.3 所示。

图 2.3　Selenium 标志

代码 2-9 是一个简单的示例，演示如何使用 Selenium 自动打开浏览器，并访问指定的网页。假设要访问百度搜索引擎，先在搜索框中输入关键词"Python"，然后按回车键进行搜索。

代码 2-9　Selenium示例

```python
from selenium import webdriver
from selenium.webdriver.common.keys import Keys

# 创建 Chrome 浏览器实例
browser = webdriver.Chrome()

# 访问百度搜索引擎
browser.get('https://www.baidu.com')

# 找到搜索框并输入关键词
search_box = browser.find_element_by_name('wd')
search_box.send_keys('Python')

# 模拟按回车键进行搜索
search_box.send_keys(Keys.ENTER)

# 关闭浏览器
browser.quit()
```

这个示例首先通过 webdriver.Chrome()函数创建一个 Chrome 浏览器实例；然后调用 get()函数访问百度搜索引擎；接着使用 find_element_by_name()方法找到搜索框，并使用 send_keys()方法输入关键词"Python"；接着使用 send_keys()方法来模拟按回车键的操作，从而实现搜索功能；最后使用 quit()方法关闭浏览器。

通过使用 Selenium，可以轻松地实现自动化测试、数据采集、爬虫等任务。当然，需要注意的是，在使用 Selenium 时，需要了解一些基本的 Web 开发知识和浏览器调试技巧。

2.1.5　OpenCV：计算机视觉库

OpenCV 是一个流行的计算机视觉库，它支持各种图像和视频处理操作，包括图像识别、物体检测、人脸识别、图像分割等，其标志如图 2.4 所示。OpenCV 是用 C++编写的，但也提供了 Python 接口，因此可以方便地使用 Python 来访问 OpenCV 的功能。

图 2.4　OpenCV 标志

代码 2-10 是一个示例，演示如何使用 OpenCV 对图像进行处理。

代码 2-10　OpenCV示例

```
import cv2

# 读入一幅图像
img = cv2.imread('image.jpg')

# 将图像转换为灰度图
gray = cv2.cvtColor(img, cv2.COLOR_BGR2GRAY)

# 对灰度图进行高斯模糊处理
blur = cv2.GaussianBlur(gray, (5, 5), 0)

# 使用 Canny 算法进行边缘检测
edges = cv2.Canny(blur, 50, 150)

# 显示原始图像和边缘检测的结果
cv2.imshow('Original Image', img)
cv2.imshow('Edges', edges)
cv2.waitKey(0)
cv2.destroyAllWindows()
```

上述代码首先读入一幅图像，并将其转换为灰度图，然后对其进行高斯模糊处理和

Canny 边缘检测，最后使用 OpenCV 的 imshow()函数显示原始图像和边缘检测结果。

上面只是 OpenCV 的一个简单应用示例。它还可以用于更加复杂的任务，如目标跟踪、立体视觉、人脸识别等。OpenCV 的功能非常强大，可以应用于各种计算机视觉和图像处理领域的任务。

2.1.6　Requests：HTTP 请求库

Requests 是一个 Python 的第三方库，用于发送 HTTP 请求，其标志如图 2.5 所示。Requests 提供了简单易用的 API，可以用来获取 Web 页面的内容、API 数据等。Requests 库可以容易地发送各种类型的 HTTP 请求，并处理返回的响应数据。

图 2.5　Requests 标志

代码 2-11 是一个使用 Requests 库发送 GET 请求的示例。

代码 2-11　Requests示例

```
import requests

url = 'https://api.github.com/users/ChatGPT'
response = requests.get(url)

if response.status_code == 200:
    data = response.json()
    print(f"Username: {data['login']}")
    print(f"Bio: {data['bio']}")
    print(f"Location: {data['location']}")
else:
    print("Failed to retrieve data")
```

这个示例使用了 GitHub 的 API 来获取用户信息。首先将 API 地址设置为 https://api.

github.com/users/ChatGPT，然后发送一个 GET 请求。如果请求成功，就可以从响应中获取用户的登录名、个人简介和所在地等信息，并将其输出到屏幕上。

除了以上示例中的 GET 请求外，Requests 库还可以发送 POST、PUT、DELETE 等其他类型的 HTTP 请求，它也支持发送包含参数、请求头、表单数据等请求。因此，如果用户需要发送 HTTP 请求，使用 Requests 库是一个非常方便的选择。

2.1.7　Beautiful Soup：HTML 解析库

Beautiful Soup 是 Python 中用于 HTML 和 XML 解析的一种库，其标志如图 2.6 所示。它可以将 HTML 或 XML 文档解析为一个树形结构，方便对文档进行搜索、遍历和修改。

图 2.6　Beautiful Soup 标志

在实际应用中，经常需要从网页中提取数据或链接，并对数据进行分析或处理。Beautiful Soup 提供了方便易用的 API，可以快速地完成这些任务。代码 2-12 是一个简单的示例，演示如何使用 Beautiful Soup 从一个网页中提取图片链接。

代码 2-12　Beautiful Soup示例

```
import requests
from bs4 import BeautifulSoup

# 访问网页并获取 HTML 代码
url = "https://www.example.com"
response = requests.get(url)
html = response.content

# 将 HTML 代码转换成 Beautiful Soup 对象
soup = BeautifulSoup(html, 'html.parser')

# 查找所有的图片标签
img_tags = soup.find_all('img')

# 提取图片链接并输出
for img in img_tags:
print(img.get('src'))
```

在这个示例中，首先使用 requests 库访问一个网页，然后使用 Beautiful Soup()函数将 HTML 代码转换成一个 Beautiful Soup 对象，接着使用 find_all()方法查找所有的 img

标签，并使用 get()方法提取这些标签的 src 属性，即图片链接。

　　以上只是 Beautiful Soup 的一个简单示例，实际上，Beautiful Soup 还提供了丰富的 API，可以对 HTML 和 XML 文档进行各种操作，例如搜索、遍历、修改、输出等。如果用户需要从网页中提取数据或链接，或者需要对 HTML 或 XML 文档进行操作，那么 Beautiful Soup 是一个非常好用的库。

2.2　常用的 Python 工具

　　本节介绍 Python 自动化办公中的常用工具。这些工具在各个方面发挥着重要作用，包括交互式编程环境、集成开发环境、数据科学和机器学习平台、版本控制、容器化技术、打包、代码检查、测试及文档生成等工具。掌握这些工具能够极大地提高 Python 自动化办公应用开发的效率，同时也有助于提升代码的质量和可维护性。

2.2.1　Jupyter Notebook：交互式编程环境

　　Jupyter Notebook 是一种基于 Web 的交互式编程环境，可以轻松编写和运行代码，并将其与富文本、图像、公式等元素混合在一起，创建具有可视化效果的笔记本文档，其标志如图 2.7 所示。除 Python 外，Jupyter Notebook 还支持众多编程语言，如 R、Julia、Scala 等，这让其在多个领域得到了广泛应用。

图 2.7　Jupyter Notebook 标志

　　对于数据科学家和研究人员而言，Jupyter Notebook 已成为一种标准工具，可以用来处理各种任务，如数据清洗、探索性数据分析、数据可视化和机器学习建模等。Jupyter Notebook 的主要优点是，它可以与各种 Python 库和工具进行集成，例如与 NumPy、pandas、matplotlib 和 scikit-learn 等集成，从而使数据处理和分析变得更加高效和便捷。

此外，Jupyter Notebook 还可以用于教学。教师可以使用它来创建交互式教学材料和演示文稿，学生也可以使用它来进行编程和数据分析。对于初学者而言，Jupyter Notebook 的一个有用功能是，允许用户在一个交互式环境中编写代码并立即查看结果，从而更快地理解编程概念和语法。

总之，Jupyter Notebook 是一个功能强大的工具，可以帮助人们更轻松地编写和共享代码、数据和文档，无论是在数据分析、机器学习、科学研究还是教学方面。

2.2.2　PyCharm：集成开发环境

PyCharm 是一款功能强大的 Python 集成开发环境（IDE），它提供了许多有用的功能，如智能代码补全、错误检查、语法高亮等，这些功能能够大大提高 Python 开发者的开发效率和代码质量，其标志如图 2.8 所示。

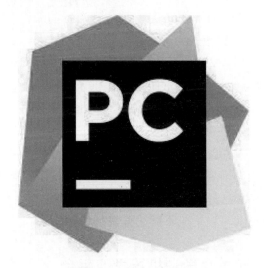

图 2.8　PyCharm 标志

除了基本的 IDE 功能外，PyCharm 还提供了许多高级功能，例如代码重构、自动化测试、集成调试器、性能分析工具等。这些功能可以帮助开发者更轻松地编写、调试和优化 Python 代码。

另外，PyCharm 还支持虚拟环境，这意味着用户可以为不同的项目创建不同的 Python 环境，从而避免项目之间的依赖冲突。PyCharm 还支持常见的版本控制系统，如 Git、SVN 等，可以方便地管理项目的代码版本和合并代码。

2.2.3　Visual Studio Code：轻量级集成开发环境

Visual Studio Code（简称 VS Code）是由微软开发的一款跨平台的轻量级集成开发环境（IDE），其官方网站提供了 Windows、macOS 和 Linux 的安装包，以及其他平台的安装方式，其标志如图 2.9 所示。

图 2.9　VS Code 标志

VS Code 的设计目标是成为一个快速、简单和高效的代码编辑器，它支持多种编程语言和框架，包括 Python、JavaScript、C++、Java、HTML、CSS 等。其中，它对 Python 的支持得到了特别的关注，因为 Python 是一种非常流行的编程语言，广泛应用于数据科学、机器学习、Web 开发等领域。为了提供更好的 Python 开发体验，VS Code 提供了 Python 扩展。安装该扩展后，VS Code 可以自动识别 Python 代码，并提供代码补全、语法高亮、语法检查等功能。此外，Python 扩展还提供了调试功能，可以方便地调试 Python 代码。同时，Python 扩展支持虚拟环境、linters、测试框架等多种工具，可大大提高 Python 的开发效率。

除了 Python 扩展外，VS Code 还有许多其他扩展和插件，可以根据个人需求进行安装和配置。例如，如果读者需要编写 Markdown 文档，可以安装 Markdown 扩展；如果读者需要使用 Git 进行版本控制，可以安装 Git 扩展。这些扩展和插件使得 VS Code 具有丰富的生态系统，并使其可以适应不同的开发场景和需求。

2.2.4　Anaconda：数据科学和机器学习平台

Anaconda 是一个功能强大的数据科学和机器学习平台，它可以帮助数据科学家、机器学习工程师和研究人员快速地构建数据科学应用和模型，其标志如图 2.10 所示。Anaconda 提供了 Python 和 R 语言开发环境，这两种语言都是数据科学和机器学习领域的主流编程语言。

Anaconda 的一个重要特点是它提供了大量的科学计算库和工具。这些库和工具包括 NumPy、SciPy、pandas、matplotlib、scikit-learn 等，这些库和工具都是数据科学和机器学习领域的核心组件。使用 Anaconda，数据科学家和机器学习工程师可以方便地访问这些库和工具，并将它们应用于自己的应用和项目中。

除了提供丰富的科学计算库和工具外，Anaconda 还使用 conda 作为包管理器和环境管理器。通过 conda，用户可以轻松地创建和管理虚拟环境，并安装和更新第三方库。虚拟环境是一个独立的 Python 或 R 环境，可以在其中安装特定版本的第三方库，以避免不同版本的库之间的冲突。这使得用户能够轻松地管理他们的开发环境，并轻松地共享他们的代码和环境设置。

图 2.10　Anaconda 标志

2.2.5　Git：版本控制工具

Git 是一个免费、开源的分布式版本控制系统，可以帮助开发者在团队协作或个人项目中有效地管理代码版本，其标志如图 2.11 所示。

图 2.11　Git 标志

Git 能够记录代码的修改历史，包括修改内容、时间、作者等信息，这些信息被保存到一个称为"仓库"的数据库中。每次对代码的修改都会被记录下来，开发者可以在任何时候回溯历史版本，查看各个版本之间的差异和变化。

除了版本控制外，Git 还具备分支管理、合并和补丁等功能。开发者可以创建分支在项目中独立开发、测试和修复问题，这样做不会影响主分支上的代码。分支可以随时合并到主分支上，以保持项目的一致性和稳定性。

Git 的另一个重要功能是远程协作。GitHub 和 GitLab 等平台基于 Git 提供了代码托管和协作功能。开发者可以将本地的代码仓库推送到这些平台上，与其他开发者共享代码、讨论问题并进行合作开发。这些平台还提供了诸如 Pull Request、Issue 等功能，方便管理代码的合并和问题跟踪。

2.2.6　Docker：容器化工具

Docker 是一种虚拟化技术，可以将应用程序及其依赖项打包成轻量级、可移植的容器，使得应用程序可以在不同的计算机环境中运行，而无须担心环境变化导致的兼容性问题，其标志如图 2.12 所示。

图 2.12　Docker 标志

使用 Docker 可以创建一个包含应用程序和所有运行所需组件的容器。这意味着读者可以打包所有需要的库、框架、配置文件和其他依赖项，而无须担心它们与其他应用程序或操作系统之间的冲突。这使得部署和管理多个应用程序变得更加容易和可靠，同时减少了系统崩溃和故障的风险。

Docker 还提供了一系列工具和服务，包括 Docker Compose 和 Docker Swarm 等，这些工具可以帮助用户在多个容器之间协调和管理服务，以及在多个主机之间分配容器。

2.2.7　PyInstaller：打包工具

PyInstaller 是一个流行的 Python 打包工具，它可以将 Python 程序及其所需的所有依赖库打包成一个单独的可执行文件。这意味着用户可以将整个应用程序部署到其他计算机上，而无须安装 Python 解释器或任何其他依赖项。

使用 PyInstaller 打包 Python 应用程序非常简单。首先，安装 PyInstaller，然后使用命令行工具执行以下命令：

```
pyinstaller yourscript.py
```

其中，yourscript.py 是用户要打包的 Python 脚本的文件名。PyInstaller 会自动检测并收集脚本所需的所有依赖项，并将它们打包到单个可执行文件中。用户可以使用多种选项和参数来自定义打包过程，例如指定输出目录或设置应用程序图标。

打包后，用户将获得一个与自己的操作系统兼容的可执行文件。在 Windows 上，它通常是一个.exe 文件，在 Mac 上，它是一个.app 文件，在 Linux 上，它是一个可执行文件。读者可以将这些文件复制到其他计算机上直接运行，而无须安装任何其他软件或库。

2.2.8　PyLint：代码检查工具

PyLint 是一个强大的 Python 代码静态检查工具，它通过对代码进行分析，帮助开发者检查代码中的错误、潜在问题和不符合编码规范的地方，其标志如图 2.13 所示。它可以检查 Python 代码的语法、变量命名、代码风格、代码重复、错误处理、代码优化等方面的错误，并生成详细的报告，帮助开发者快速识别和解决问题。

图 2.13　PyLint 标志

PyLint 的检查功能非常强大，可以检查 Python 代码中的各种错误和潜在问题，例如未定义的变量、未使用的变量、重复代码、错误缩进、代码中的逻辑问题等。它还可以检查变量和函数的命名是否符合 PEP 8 标准，以及代码的可读性和可维护性是否良好等。

使用 PyLint 还可以帮助开发者发现代码中的一些潜在问题，例如错误处理不当、代码中的死循环、代码中的死代码等。这些问题可能会导致程序的崩溃或者运行效率低下，通过使用 PyLint 可以帮助开发者及时发现和解决这些问题，从而提高代码的健壮性和可靠性。

此外，PyLint 还提供了多种配置选项，可以根据开发者的需要进行个性化设置，以适应不同的开发需求。同时，它还可以与其他开发工具集成使用，例如，IDE 和版本控制系统可以帮助开发者更加高效地开发和维护代码。

2.2.9　PyTest：测试框架

PyTest 是一个流行的 Python 测试框架，使用它可以编写各种类型的测试程序，包括单元测试、功能测试、集成测试等，其标志如图 2.14 所示。PyTest 具有许多优点，例如易于使用、灵活、可扩展、自动化和快速。它还提供了丰富的断言和报告功能，使测试用例编写更加方便和高效。

图 2.14　PyTest 标志

　　PyTest 可以自动发现测试用例，只需按照一定的命名规则命名测试文件和函数，就能够自动识别并运行测试用例。这使得测试用例的编写更加简单和快速，也方便了测试人员和开发人员的协作。同时，PyTest 还支持在测试用例运行前和运行后执行一些操作，例如设置测试环境、清理数据等，使测试用例更加可靠和准确。

　　PyTest 还提供了丰富的插件机制，可以扩展框架的功能，例如生成 HTML 测试报告、集成持续集成工具、生成代码覆盖率报告等。这些插件可以帮助测试人员更好地管理测试过程，提高测试质量和效率。

2.2.10　Sphinx：文档生成工具

　　Sphinx 是一个强大的文档生成工具，广泛用于开发者和技术作家的文档编写与维护。它的主要特点是支持多种输出格式，包括 HTML、PDF、EPUB 等，使用户可以方便地将文档发布到不同的平台和设备上。

　　Sphinx 使用 reStructuredText 格式作为源代码，并结合自动生成的 HTML 模板，生成易于阅读和维护的文档。Sphinx 还支持代码高亮、链接、交叉引用等功能，使得文档具有良好的结构和可读性。

　　Sphinx 可以从项目中的注释和外部文档文件生成文档。开发者可以在代码中添加注释，以指示函数、类、方法等的作用和用法，Sphinx 会自动提取这些信息并生成文档。此外，开发者还可以编写额外的文档文件，如 README、CHANGELOG 等，Sphinx 也能将它们整合到生成的文档中。

　　Sphinx 还支持多语言文档的生成，即根据不同语言的注释和文档文件生成对应的文档。这使得开发者可以轻松地维护多语言文档，以方便不同国家和地区的用户使用。

2.3　小　　结

本章详细介绍了 Python 自动化办公中常用的库和工具，这些库和工具涵盖多个领域，如数据处理（NumPy、pandas）、Web 自动化（PyAutoGUI、Selenium）、计算机视觉（OpenCV），以及 HTTP 请求（Requests）和 HTML 解析（Beautiful Soup）等。这些库使得 Python 在自动化办公方面具备了强大的功能。

除了这些实用的库之外，本章还介绍了一系列常用的 Python 工具，如 Jupyter Notebook、PyCharm 和 VS Code 等集成开发环境，它们提供了丰富的编程辅助功能，能够帮助开发者更高效地编写和调试代码。同时，Anaconda、Git、Docker 等工具分别涉及数据科学和机器学习平台以及版本控制和容器化部署等领域，这些工具在自动化办公中发挥着重要作用。

在代码质量管理方面，本章介绍了 PyLint 和 PyTest，这些工具有助于保证代码质量，避免潜在的错误。此外，Sphinx 文档生成工具使得开发者可以轻松地为项目生成结构化且美观的文档，从而提高项目的可读性和可维护性。

通过对本章的学习，读者将会对 Python 自动化办公涉及的库和工具有个全面的了解。在实际工作中，根据具体需求和场景选择合适的库和工具进行开发，将极大地提高工作效率，降低工作负担。后续章节将结合实际案例，深入探讨如何运用这些库和工具来解决自动化办公中的问题。

第2篇
Python 自动化办公实战

第 3 章　Word 操作自动化

在这个日新月异的信息化时代，Microsoft Word 已经深深地渗透到人们的工作和生活中。无论是编写报告、起草合同、创作书籍，还是撰写论文，Word 都是首选工具。然而，随着待处理文档数量和复杂性的增加，手动操作 Word 文档变得越来越烦琐和效率低下。为了解决这些问题，Python 自动化办公的概念应运而生。Python 是一种强大的编程语言，其简洁的语法和丰富的库使其成为自动化办公的理想工具，特别是在处理 Word 文档时，Python-docx 库发挥了重要的作用。

本章主要包括多个实战案例，通过丰富多样的实战案例，读者将掌握以下关键技能：

❑ Python-docx 库的基本知识和操作。

❑ 通过 Python 自动创建报告、合同、目录和索引。

❑ 批量处理 Word 文档，包括内容替换、文档合并、批量转换为 PDF、修改文档属性、提取文本和图片、添加或修改页眉页脚等。

❑ 在 Word 文档中插入图片、表格、超链接及书签。

❑ 自动将 Excel 或 CSV 数据导入 Word 文档生成表格。

❑ 自动生成批注、脚注、表格目录和图表目录。

❑ 自动生成多级标题及其编号。

❑ Word 文档的加密和解密。

本章将详细介绍如何使用 Python-docx 库来处理 Word 文档。

3.1　Word 操作自动化概述

Microsoft Word 作为全球最广泛使用的文档处理工具，提供了丰富的功能用于文档的创建、编辑和格式化等。然而，随着需要处理的文档数量和复杂性的增加，手动操作 Word 文档变得既耗时又低效，这就需要用自动化的方式来解决。通过编程语言，特别是 Python，可以批量处理文档，进行内容替换，统一格式，甚至生成报告和合同。

3.2　Python-docx 库简介

Python-docx 是一个开源的 Python 库，用于创建、修改 Microsoft Word (.docx) 文件，

其标志如图 3.1 所示。Python-docx 提供了大量的接口用以进行文档操作，例如处理段落、文本、样式、图片、表格、页眉、页脚，以及 Word 文档中的其他元素。

图 3.1　Python-docx 标志

在使用 Python-docx 之前，需要先将其安装到 Python 环境中。这一操作可以通过 pip 命令轻松完成，如代码 3-1 所示。

代码 3-1　用pip命令安装Python-docx

```
pip install python-docx
```

如果使用的是 Anaconda 环境，也可以通过 conda 命令安装，如代码 3-2 所示。

代码 3-2　用conda命令安装Python-docx

```
conda install -c conda-forge python-docx
```

3.3　Python-docx 库的基本操作

有了 Python-docx 库，就可以对 Word 文档进行操作了。Python-docx 的基本操作主要包括创建新文档、添加段落、保存文档、打开现有文档、读取并打印所有段落等，如代码 3-3 所示。

代码 3-3　Python-docx的基本操作

```
from docx import Document

# 创建新的 Word 文档
doc = Document()

# 添加段落
p = doc.add_paragraph('Hello, World!')

# 保存文档
doc.save('demo.docx')

# 打开现有文档
```

```
doc = Document('demo.docx')

# 读取并打印所有段落
for p in doc.paragraphs:
    print(p.text)
```

以上是 Python-docx 库的一些基本操作，通过这些操作可以创建、打开、编辑和保存 Word 文档。

接下来的实战案例将全面展示 Python-docx 的各项功能，通过案例学习如何使用 Python-docx 自动处理 Word 文档。在实战案例中将解释所用到的 Python-docx 接口，提供详细的代码，并解读代码的工作原理。

3.4　实战案例 1：批量提取 Word 文档中的文本

在处理 Word 文档时，经常需要从文档中提取文本内容，以分析或用于其他处理过程。Python-docx 库提供了简单而直接的接口，可以轻松实现从文档中读取文本的功能。可以将任何一个文档视为一系列的段落，每个段落都包含一些文本。Python-docx 则提供了一个结构化的方式来处理 Word 文档。

为了实现批量提取文档的功能，首先需要读取文档，然后遍历其中的所有段落，把每个段落的内容保存起来。在 Python-docx 中，可以使用 Document 类表示一个 Word 文档，通过 Document 的 paragraphs 属性，可以获取文档中的所有段落，如代码 3-4 所示。

代码3-4　批量提取Word文档中的文本

```
from docx import Document

def extract_specific_text(filename, specific_text):
    """
    从指定的 Word 文档中提取包含特定文本的段落

    参数:
    filename -- Word 文档的文件名
    specific_text -- 特定的文本

    返回:
    包含特定文本的段落列表
    """
    doc = Document(filename)
    return [para.text for para in doc.paragraphs if specific_text in
para.text]

# 使用 extract_specific_text()函数，从 example.docx 文档中提取出包含"Python"
# 的段落
text = extract_specific_text('example.docx', 'Python')
for line in text:
    print(line)
```

上述代码定义了一个函数 extract_specific_text()，它接收两个参数：一个是 Word 文档的文件名，另一个是要提取的特定文本。这个函数遍历文档中的每个段落，检查段落的文本是否包含特定文本。只有当段落的文本包含特定文本时，该段落的文本才被添加到结果列表中。

　　该函数的返回值是一个字符串列表，每个字符串对应文档中包含特定文本的一个段落。这样用户就能专注地处理那些包含特定文本的段落。

　　这个实战案例展示了如何从 Word 文档中提取包含特定文本的段落。这是一个常见的任务，例如，想要从一个大的文档中提取所有提到某个关键词的段落，通过 Python-docx 库，便可以用简洁的代码实现这个任务。

3.5　实战案例 2：Word 文档内容替换

　　在处理 Word 文档时，经常需要对文档中的一些文本进行替换，例如更改产品名称、更新公司名称或调整某些术语。Python-docx 库能够方便地完成这种替换操作。本实战案例将学习如何使用 Python-docx 库实现文档内容的替换功能。

　　实现替换功能的基本思路是遍历文档中的所有段落，对每个段落的文本进行检查，找到需要替换的内容并进行替换。为了更有效地实现这个功能，可以将文本替换的操作封装为一个函数，这样便可以轻松地对不同的文档和文本进行替换，示例如代码 3-5 所示。

代码 3-5　Word文档内容替换

```python
from docx import Document

def replace_text_in_document(filename, old_text, new_text):
    """
    在 Word 文档中替换文本

    参数：
    filename -- Word 文档的文件名
    old_text -- 需要替换的文本
    new_text -- 替换后的文本
    """
    doc = Document(filename)
    for para in doc.paragraphs:
        if old_text in para.text:
            para.text = para.text.replace(old_text, new_text)
    doc.save('updated_' + filename)

# 使用 replace_text_in_document()函数，将 example.docx 文档中的"Python"替换为
# "Python3"
replace_text_in_document('example.docx', 'Python', 'Python3')
```

　　上述代码定义了一个函数 replace_text_in_document()，它接收 3 个参数，即 Word 文档的文件名、需要替换的文本和替换后的文本。这个函数遍历文档的每个段落，检查段落的文本是否包含需要替换的内容。如果包含，则使用 para.text.replace()方法进行替换。最后，将替换后的文档保存为一个新文件。

　　这个实战案例展示了如何使用 Python-docx 库替换 Word 文档中的文本。这是一个非常实用的功能，可以批量修改文档，提高工作效率。Python-docx 库可以轻松实现这个任务，无须手动操作每个文档。

3.6　实战案例 3：自动化创建和更新书签

　　在处理 Word 文档时，书签是一个非常有用的功能，可以帮助用户快速定位和跳转到文档中的特定位置。Python-docx 库可以实现自动化创建和更新书签的功能，从而更方便地管理和操作 Word 文档。

　　本实战案例将学习如何使用 Python-docx 库实现自动化创建和更新书签的功能。首先定义一个函数来创建书签，然后创建另一个函数来更新书签指向的内容，如代码 3-6 所示。

代码 3-6　自动化创建和更新书签

```python
from docx import Document
from docx.oxml.ns import qn
from docx.oxml import OxmlElement

def create_bookmark(paragraph, bookmark_name):
    """
    在指定的段落中创建书签

    参数：
    paragraph -- 段落对象
    bookmark_name -- 书签名称
    """
    run = paragraph.add_run()
    start = OxmlElement('w:bookmarkStart')
    start.set(qn('w:id'), '0')
    start.set(qn('w:name'), bookmark_name)
    run._r.append(start)
    end = OxmlElement('w:bookmarkEnd')
    end.set(qn('w:id'), '0')
    run._r.append(end)

def update_bookmark(document, bookmark_name, new_text):
    """
    更新指定书签的内容

    参数：
    document -- Document 对象
    bookmark_name -- 书签名称
    new_text -- 新的内容
    """
    for paragraph in document.paragraphs:
        if any(elem.get(qn('w:name')) == bookmark_name for elem in
paragraph._element.findall('.//' + qn('w:bookmarkStart'))):
            paragraph.clear()
            paragraph.add_run(new_text)
```

```
            create_bookmark(paragraph, bookmark_name)
            break

# 创建一个新的 Word 文档并添加一个段落
doc = Document()
para = doc.add_paragraph('This is a test paragraph.')

# 在段落中创建一个书签
create_bookmark(para, 'test_bookmark')

# 保存文档
doc.save('bookmarked.docx')

# 打开文档并更新书签的内容
doc = Document('bookmarked.docx')
update_bookmark(doc, 'test_bookmark', 'This is the updated content.')

# 保存更新后的文档
doc.save('updated_bookmarked.docx')
```

上述代码首先定义一个 create_bookmark()函数,用于在指定的段落中创建一个书签。然后,创建一个 update_bookmark()函数,用于更新指定书签的内容。这两个函数都利用了 Python-docx 库中提供的底层 OxmlElement 类,以便直接操作 Word 文档的底层 XML 结构。

这个实战案例展示了如何使用 Python-docx 库实现自动化创建和更新书签的功能。这是一个非常实用的功能,可以帮助用户更有效地管理和操作 Word 文档。通过使用 Python-docx 库,用户可以轻松实现这个任务,无须手动创建和更新每个书签。

3.7　实战案例 4:批量添加或修改页眉与页脚

页眉和页脚在 Word 文档中扮演着重要角色,它们可以用来显示文档标题、作者、页码等重要信息。在处理多个文档时,经常需要为这些文档批量添加或修改页眉、页脚。Python-docx 库提供了操作页眉和页脚的功能,可以自动化完成这个任务。

本实战案例将学习如何使用 Python-docx 库实现批量添加或修改页眉、页脚的功能。首先定义一个函数来添加或修改页眉,然后创建另一个函数来添加或修改页脚,如代码 3-7 所示。

代码 3-7　批量添加或修改页眉、页脚

```
from docx import Document

def add_or_update_header(document, header_text):
    """
    为 Word 文档添加或修改页眉

    参数:
    document -- Document 对象
    header_text -- 页眉文本
```

```
    """
    header = document.sections[0].header
    if header.paragraphs:
        header.paragraphs[0].text = header_text
    else:
        header.add_paragraph(header_text)

def add_or_update_footer(document, footer_text):
    """
    为 Word 文档添加或修改页脚

    参数:
    document -- Document 对象
    footer_text -- 页脚文本
    """
    footer = document.sections[0].footer
    if footer.paragraphs:
        footer.paragraphs[0].text = footer_text
    else:
        footer.add_paragraph(footer_text)

# 打开一个 Word 文档
doc = Document('example.docx')

# 添加或修改页眉
add_or_update_header(doc, 'This is a new header.')

# 添加或修改页脚
add_or_update_footer(doc, 'This is a new footer.')

# 保存更新后的文档
doc.save('updated_example.docx')
```

上述代码定义了两个函数：add_or_update_header()和 add_or_update_footer()。这两个函数都接收一个 Document 对象和一个文本参数，分别用于添加或修改页眉和页脚。这两个函数通过访问文档的 sections 属性来操作页眉和页脚。

这个实战案例展示了如何使用 Python-docx 库实现批量添加或修改页眉、页脚的功能。这是一个非常实用的功能，可以帮助用户在处理多个文档时保持一致的格式。通过使用 Python-docx 库，无须手动为每个文档添加或修改页眉、页脚便可以轻松实现这个任务。

3.8　实战案例 5：自动生成文档（报告和合同等）

在许多企业和组织中，编写报告和合同是一项日常工作。这项工作通常需要处理大量的结构化数据，并根据这些数据创建符合特定格式的 Word 文档。尽管这些工作可以手动完成，但往往效率低下，且容易出错。幸运的是，Python-docx 库能自动化这个过程，从而大大提高工作效率。

这个实战案例将使用 Python-docx 库来自动创建一个报告。首先定义一个模板，然后使用数据填充模板，最后保存结果文档。这样，每次需要创建新的报告或合同时，只需要提供新的数据，就可以快速生成新的文档，如代码 3-8 所示。

代码 3-8　自动生成文档

```python
from docx import Document

def create_report(template_filename, data, output_filename):
    """
    使用模板和数据自动生成报告

    参数：
    template_filename -- 模板文档的文件名
    data -- 一个字典，键是模板中的占位符，值是要替换占位符的数据
    output_filename -- 输出文档的文件名
    """
    doc = Document(template_filename)

    # Replace placeholders with actual data
    for key, value in data.items():
        for paragraph in doc.paragraphs:
            if key in paragraph.text:
                paragraph.text = paragraph.text.replace(key, str(value))
        for table in doc.tables:
            for row in table.rows:
                for cell in row.cells:
                    if key in cell.text:
                        cell.text = cell.text.replace(key, str(value))

    # Save the modified document
    doc.save(output_filename)

# 使用模板和数据创建新的报告
data = {'{TITLE}': 'Quarterly Report', '{QUARTER}': 'Q1', '{YEAR}':
'2023', '{AUTHOR}': 'John Doe', '{CONTENT}': 'This is the content of the
report.'}
create_report('report_template.docx', data, 'new_report.docx')
```

上述代码定义了一个函数 create_report()，它接收一个模板文档的文件名、一个数据字典和一个输出文档的文件名作为参数。该函数首先打开模板文档，然后遍历每个段落，查找并替换占位符。最后，保存新的文档。

这个实战案例展示了如何使用 Python-docx 库来自动生成文档。这是一个非常实用的功能，可以在处理大量格式相似的文档时提高工作效率并减少错误。通过使用 Python-docx 库，无须手动创建每个文档便可以轻松实现这个任务。

3.9　实战案例 6：插入图片和表格并将 Excel 或 CSV 数据导入 Word 文档生成表格

Word 文档不仅包含文本，还包含图片和表格。Python-docx 库提供了插入图片和表格的功能。当需要在 Word 文档中创建大量数据的表格时，可以利用 pandas 库先从 Excel

或 CSV 文件中读取数据，然后利用 Python-docx 库将数据插入 Word 文档中。

本实战案例介绍如何使用 Python-docx 库插入图片和表格，以及如何从 Excel 或 CSV 文件中读取数据，并将数据插入 Word 文档中，如代码 3-9 所示。

代码 3-9　插入图片和表格并将Excel或CSV数据导入Word文档生成表格

```python
from docx import Document
from docx.shared import Inches
import pandas as pd

def insert_image_and_table(filename, image_path, table_data):
    """
    在 Word 文档中插入图片和表格

    参数：
    filename -- Word 文档的文件名
    image_path -- 图片的文件路径
    table_data -- 一个二维列表，表示表格的数据
    """
    doc = Document(filename)

    # 插入图片
    doc.add_picture(image_path, width=Inches(4.25))

    # 插入表格
    table = doc.add_table(rows=1, cols=len(table_data[0]))
    for row in table_data:
        cells = table.add_row().cells
        for i in range(len(row)):
            cells[i].text = str(row[i])

    # 保存文档
    doc.save(filename)

def import_data_from_excel(filename):
    """
    从 Excel 文件中导入数据

    参数：
    filename -- Excel 文件的文件名

    返回：
    一个二维列表，表示表格的数据
    """
    df = pd.read_excel(filename)
    return df.values.tolist()

# 从 Excel 文件中导入数据
table_data = import_data_from_excel('data.xlsx')

# 在 Word 文档中插入图片和表格
insert_image_and_table('document.docx', 'image.png', table_data)
```

上述代码定义了一个函数 insert_image_and_table()，该函数接收一个 Word 文档的文件名、一个图片的文件路径以及一个二维列表（表示表格的数据）作为参数。该函数首先打开指定的 Word 文档，然后在文档的末尾插入图片，并创建一个新的表格，使用提供的数据填充表格，最后保存修改后的文档。

此外，上述代码还定义了一个函数 import_data_from_excel()，该函数接收一个 Excel 文件的文件名作为参数，使用 pandas 库从 Excel 文件中读取数据，然后返回一个二维列表，表示表格的数据。

使用这种方法很容易在 Word 文档中插入图片和表格，甚至可以从 Excel 或 CSV 文件中导入数据，这无疑大大提高了处理 Word 文档的效率。

3.10　实战案例 7：Word 文档合并

在日常工作中，经常需要合并多个 Word 文档，尤其是当处理大量独立的报告或章节时。Python-docx 库提供了这样的功能，可以将多个文档合并成一个文档。

这个实战案例使用 Python-docx 库合并两个 Word 文档。首先创建一个新的文档，然后将两个源文档中的所有段落添加到新文档中，这样新文档就会有所有源文档的内容，如代码 3-10 所示。

代码 3-10　Word文档合并

```python
from docx import Document

def merge_documents(output_filename, *filenames):
    """
    合并多个 Word 文档

    参数:
    output_filename -- 输出文档的文件名
    filenames -- 要合并的 Word 文档的文件名
    """
    merged_doc = Document()

    for filename in filenames:
        sub_doc = Document(filename)
        for element in sub_doc.element.body:
            merged_doc.element.body.append(element)

    merged_doc.save(output_filename)

# 合并 document1.docx 和 document2.docx
merge_documents('merged_document.docx', 'document1.docx', 'document2.docx')
```

这段代码定义了一个函数 merge_documents()。该函数接收一个输出文档的文件名和多个要合并的文档的文件名；然后创建一个新的 Document 对象，遍历所有要合并的文档，将每个文档的所有元素添加到新文档中；最后保存合并后的文档。

这个功能特别适合用于合并大量的小文档，例如独立的报告或章节。通过使用文档合并功能，可以自动化这个经常手动完成的任务，从而提高效率，减少错误。

3.11　实战案例 8：批量将 Word 文档转换为 PDF

将 Word 文档转换为 PDF 格式是日常工作中常见的需求，因为 PDF 是一个更加便携和通用的格式。尽管 Python-docx 库本身不提供将 Word 文档转换为 PDF 的功能，但可以利用 Microsoft Word 的 COM 组件（仅在 Windows 平台上可用）或者使用第三方库，如 Python-docx2pdf 来实现这个功能。

本实战案例将介绍如何使用 Python-docx2pdf 库将 Word 文档批量转换为 PDF。首先，需要安装对应的库，可以使用以下命令安装，如代码 3-11 所示。

代码 3-11　安装Python-docx2pdf库

```
pip install docx2pdf
```

安装完成后，可以使用代码 3-12 进行批量转换。

代码 3-12　批量将Word文档转换为PDF

```
from docx2pdf import convert
import os

def batch_convert_word_to_pdf(input_folder, output_folder):
    """
    批量将 Word 文档转换为 PDF

    参数:
    input_folder -- 包含 Word 文档的输入文件夹
    output_folder -- 保存 PDF 文档的输出文件夹
    """
    for filename in os.listdir(input_folder):
        if filename.endswith(".docx"):
            input_path = os.path.join(input_folder, filename)
            output_path = os.path.join(output_folder, filename.replace
(".docx", ".pdf"))
            convert(input_path, output_path)

# 使用示例
input_folder = "word_documents"
output_folder = "pdf_documents"
batch_convert_word_to_pdf(input_folder, output_folder)
```

这段代码定义了一个函数 batch_convert_word_to_pdf()，该函数接收两个参数：一个是包含 Word 文档的输入文件夹，另一个是保存 PDF 文档的输出文件夹。该函数遍历输入文件夹中的所有文件，如果文件是一个.docx 文件，就将其转换为 PDF 并将结果保存到输出文件夹中。注意，这个操作可能需要一些时间，具体取决于文档的数量和大小。

这个功能可以轻松地将大量的 Word 文档转换为 PDF 格式，这样，我们可以更方便地分享和分发这些文档。

3.12　实战案例 9：批量修改 Word 文档属性

Word 文档的属性包括一些元数据，如标题、作者、主题、关键字等。修改这些属性可以更好地管理和搜索文档。Python-docx 库提供了接口，可以获取和修改这些属性。

这个实战案例将介绍如何使用 Python-docx 库批量修改 Word 文档的属性。首先定义一个函数，该函数接收一个文档文件名和一些新的属性值，然后将这些新的属性值应用到文档中，如代码 3-13 所示。

代码 3-13　批量修改 Word 文档属性

```python
from docx import Document

def modify_document_properties(filename, title=None, author=None,
subject=None):
    """
    修改 Word 文档的属性

    参数：
    filename -- Word 文档的文件名
    title -- 新的标题（可选）
    author -- 新的作者（可选）
    subject -- 新的主题（可选）
    """
    doc = Document(filename)

    if title is not None:
        doc.core_properties.title = title
    if author is not None:
        doc.core_properties.author = author
    if subject is not None:
        doc.core_properties.subject = subject

    doc.save(filename)

# 修改 example.docx 的属性
modify_document_properties('example.docx', title='New Title', author='New
Author', subject='New Subject')
```

这段代码定义了一个函数 modify_document_properties()，该函数接收一个文档的文件名和一些可选的新的属性值。如果提供了新的属性值，这些新的属性值便会被应用到文档的相应属性中。最后，保存文档，以便保存这些更改。

这个功能对批量管理大量文档非常有用。通过批量修改文档的属性，可以更好地组织文档，更容易地找到特定的文档。

3.13　实战案例 10：Word 文档的加密和解密

Word 文档的加密和解密是常见的需求，特别是在处理敏感信息时。然而，Python-docx 库本身并不支持 Word 文档的加密和解密。在这种情况下，可以借助 Python 的其他库，如 PyPDF2 库，虽然这是一个处理 PDF 的库，但也可以用于 Word 文档的加密和解密。首先，需要安装对应的库，可以使用以下命令安装，如代码 3-14 所示。

代码 3-14　安装 PyPDF2 库命令

```
pip install PyPDF2
```

🔔注意：这种方法仅适用于 PDF 格式的文档。如果文档是 Word 格式的，需要首先将其转换为 PDF 格式，然后进行加密或解密。具体内容可以参考 3.11 节，了解如何将 Word 文档转换为 PDF 文档。

用 PyPDF2 进行文档加密的示例如代码 3-15 所示。

代码 3-15　用 PyPDF2 进行文档加密

```python
from PyPDF2 import PdfFileWriter, PdfFileReader

def encrypt_pdf(file, password):
    """
    加密 PDF 文档

    参数：
    file -- PDF 文档的文件名
    password -- 密码
    """
    parser = PdfFileWriter()
    pdf = PdfFileReader(file)

    for page in range(pdf.getNumPages()):
        parser.addPage(pdf.getPage(page))

    parser.encrypt(password)

    with open(f'encrypted_{file}', 'wb') as f:
        parser.write(f)

    print(f'encrypted_{file} Created...')
# 使用示例
encrypt_pdf('example.pdf', 'password')
```

使用 PyPDF2 进行文档解密的示例如代码 3-16 所示。

代码 3-16　用 PyPDF2 进行文档解密

```python
from PyPDF2 import PdfFileWriter, PdfFileReader

def decrypt_pdf(file, password):
```

```
"""
解密 PDF 文档

参数：
file -- PDF 文档的文件名
password -- 密码
"""
parser = PdfFileWriter()
pdf = PdfFileReader(file)

if pdf.isEncrypted:
    pdf.decrypt(password)

    for page in range(pdf.getNumPages()):
        parser.addPage(pdf.getPage(page))

    with open(f'decrypted_{file}', 'wb') as f:
        parser.write(f)

    print(f'decrypted_{file} Created...')
else:
    print('Document is not encrypted.')

# 使用示例
decrypt_pdf('encrypted_example.pdf', 'password')
```

在这两段代码中，首先打开 PDF 文档，然后通过 PyPDF2 库的 encrypt() 和 decrypt() 函数对文档进行加密和解密。加密或解密后的文档被保存为一个新的文件。

通过这种方法，可以对包含敏感信息的文档进行加密，以防止未经授权的访问。同样，也可以对加密的文档进行解密，以便可以访问文档的内容。

3.14　实战案例 11：自动创建目录和索引

在一个长的 Word 文档中，创建目录和索引是一个重要的步骤，它可以帮助用户更好地理解文档的结构，并快速找到用户感兴趣的内容。然而，手动创建目录和索引是一个非常烦琐的任务，尤其是对一个包含大量内容的长文档来说更是如此。其实，Python-docx 库并没有直接支持创建目录的功能，需要使用一种间接的方式来实现这个功能。具体来说，首先创建一个包含所有标题的列表，然后把这个列表插入文档的开始位置，如代码 3-17 所示。

代码 3-17　自动创建目录

```
from docx import Document
from docx.shared import Pt
from docx.oxml.ns import nsdecls
from docx.oxml import parse_xml

def create_table_of_contents(filename):
    """
    在 Word 文档中创建目录
```

```
    参数:
    filename -- Word 文档的文件名
    """
    doc = Document(filename)
    paragraphs = doc.paragraphs

    # 创建一个新的段落用于存放目录
    toc = doc.add_paragraph()
    toc_run = toc.add_run()

    # 遍历文档的所有段落，找到所有的标题
    for para in paragraphs:
        if para.style.name.startswith('Heading'):
            # 向目录中添加一个新的条目
            entry = toc_run.add_hyperlink(para._p, '', is_external=False)
            entry.text = para.text
            entry.font.size = Pt(12)
            toc_run.add_break()

    # 将目录插入文档的开始位置
    doc.element.body.insert(0, toc._p._tc)

    doc.save('new_'+filename)

# 使用示例
create_table_of_contents('example.docx')
```

在这段代码中，首先打开文档，遍历文档中的所有段落，找出所有的标题。然后，创建一个新的段落，用于存放目录，把找到的每个标题作为一个链接添加到目录中，链接的目标是标题对应的段落。最后，把目录插入文档的开始位置。通过这种方式，可以自动创建一个包含所有标题的目录。

🔔注意：这个目录并不是 Word 中的动态目录，也就是说，如果用户在文档中添加或删除了标题，目录不会自动更新。目前，Python-docx 还不支持创建索引。创建索引通常需要对文档的内容进行更深入的分析，这超出了 Python-docx 的功能范围。要创建索引，需要使用更强大的工具，如 Apache Lucene 或 Elasticsearch。

3.15　实战案例 12：批量提取 Word 文档中的图片

在处理 Word 文档时，经常会遇到需要从文档中提取图片的情况。例如，获取文档中的所有图片，然后将它们保存为文件，以便在其他地方使用。Python-docx 库提供了直接的接口来访问 Word 文档中的图片，这使得从文档中提取图片变得非常简单。

首先需要了解的是，Word 文档中的图片被嵌入段落中。每个段落都可以包含多个"运行"，"运行"可以包含文本或图片。所以，为了提取图片，需要遍历文档的所有段落和运行，如代码 3-18 所示。

代码 3-18　批量提取Word文档中的图片

```python
from docx import Document
import os

def extract_images_from_docx(filename):
    """
    从 Word 文档中提取所有的图片并保存到当前目录下的 images 文件夹中

    参数：
    filename -- Word 文档的文件名
    """
    doc = Document(filename)

    # 创建一个文件夹用于存放提取的图片
    if not os.path.exists('images'):
        os.makedirs('images')

    # 遍历文档的所有段落和运行
    for rel in doc.part.rels.values():
        if "image" in rel.reltype:
            # 找到图片
            image_data = rel.blob
            # 提取图片的扩展名
            image_ext = rel.reltype.split('/')[-1]
            # 创建图片的文件名
            image_name = 'images/image{}.{}'.format(rel.rId, image_ext)
            # 将图片数据写入文件
            with open(image_name, 'wb') as img_file:
                img_file.write(image_data)

# 使用示例
extract_images_from_docx('example.docx')
```

在这段代码中，首先打开 Word 文档，然后遍历文档的所有关系对象。关系对象是 Word 文档中用于表示各种元素（如文本、图片等）之间关系的对象。当找到一个关系对象的类型是 "image" 时，说明找到了一张图片。然后，提取出图片的数据，并将其保存为一个文件。使用关系对象的 ID 作为图片文件的名称，以确保每个图片文件的名称都是唯一的。

通过这种方法可以轻松地从 Word 文档中提取所有的图片。

注意：这个方法只能提取嵌入在文档中的图片，不能提取链接到外部文件的图片。如果用户想提取这些图片，需要使用其他的工具或库。

3.16　实战案例 13：自动生成批注和脚注

批注和脚注是 Word 文档中的重要元素，它们被广泛用于注释文档内容，提供额外的解释或者信息。例如，在学术论文、法律文档或者技术文档中，经常会看到大量的批注和脚注。在 Python-docx 库中，批注和脚注可以通过简单的 API 来添加。

首先要明白，在 Word 文档中批注和脚注的本质是一种特殊的"运行"。它们都有自己的文本，可以被插入任何段落中。所以，为了添加批注和脚注，需要在指定的段落中创建一个新的批注或脚注的"运行"，如代码 3-19 所示。

代码 3-19　自动生成批注和脚注

```python
from docx import Document

def add_footnotes_and_comments(doc, paragraph_index, text,
footnote_text,
comment_text):
    """
    在给定的段落中添加脚注和批注的文本

    参数:
    doc -- 文档对象
    paragraph_index -- 要操作的段落的索引
    text -- 要插入的文本
    footnote_text -- 脚注的文本
    comment_text -- 批注的文本
    """
    paragraph = doc.paragraphs[paragraph_index]
    run = paragraph.add_run(text)
    footnote = doc.add_footnote(footnote_text)
    comment = doc.add_comment(comment_text, run)
    return doc

# 使用示例
doc = Document('example.docx')
add_footnotes_and_comments(doc, 1, 'This is a test text', 'This is a test
footnote', 'This is a test comment')
doc.save('example_with_footnote_and_comment.docx')
```

在这段代码中，首先打开一个 Word 文档，然后在指定的段落中添加一个新的"运行"。然后，在这个"运行"的基础上添加一个脚注和一个批注。最后，保存修改后的文档。

通过这种方式，可以自动地在 Word 文档中添加批注和脚注，这对批量处理 Word 文档，或者创建复杂的 Word 文档非常有用。

3.17　实战案例 14：自动生成多级标题和标题编号

在处理 Word 文档时，经常需要对文档结构进行调整，其中，多级标题和标题编号是常见的需求。Python-docx 库提供了创建多级标题和自动编号的功能，可以方便地生成具有层次结构的标题。

首先需要明确的是，Word 文档中的标题是通过样式来定义的。每个标题级别都有对应的样式，可以通过样式名称或样式索引来引用。可以使用 docx.enum.style.WD_STYLE_TYPE.PARAGRAPH 枚举类型中定义的样式类型来识别标题样式。

接下来，创建一个标题，并指定其级别和编号，如代码 3-20 所示。

代码 3-20　自动生成多级标题和标题编号

```python
from docx import Document
from docx.enum.style import WD_STYLE_TYPE
from docx.oxml.ns import nsdecls
from docx.oxml import parse_xml

def add_heading_with_numbering(doc, text, level):
    """
    在文档中添加具有编号的多级标题

    参数:
    doc -- 文档对象
    text -- 标题文本
    level -- 标题级别
    """
    # 创建一个新的段落
    paragraph = doc.add_paragraph()

    # 设置段落的样式为标题样式
    paragraph.style = doc.styles['Heading %d' % level]

    # 获取段落的运行对象
    run = paragraph.add_run()

    # 创建标题编号
    numbering_element = parse_xml(r'<w:numPr xmlns:w="http://schemas.
openxmlformats.org/wordprocessingml/2006/main">'
                                  r'<w:ilvl w:val="%d" />' % (level-1) +
                                  r'<w:numId w:val="1" />'
                                  r'</w:numPr>')
    run._r.append(numbering_element)

    # 添加标题文本
    run.text = text

# 使用示例
doc = Document()
add_heading_with_numbering(doc, 'Chapter 1', 1)
add_heading_with_numbering(doc, 'Section 1.1', 2)
add_heading_with_numbering(doc, 'Section 1.2', 2)
add_heading_with_numbering(doc, 'Chapter 2', 1)
add_heading_with_numbering(doc, 'Section 2.1', 2)
doc.save('example_with_headings.docx')
```

在这段代码中，首先创建一个新的段落，并将其样式设置为指定级别的标题样式。然后，在段落的运行对象上创建一个标题编号，将其添加到运行对象的 XML 表示中。最后，在运行对象中设置标题文本。

通过这种方式，可以轻松地在 Word 文档中生成具有多级标题和标题编号的内容。这对创建结构化的文档或自动生成报告非常有用。

注意：要使标题样式正确显示，须确保在文档中事先定义了标题样式，且级别与代码中使用的级别对应。

3.18　小　　结

本章介绍了使用 Python 进行 Word 文档处理的相关技术和实践，并通过实战案例展示了多个常见的 Word 自动化任务的解决方案。

本章探索了如何批量提取 Word 文档中的文本、进行内容替换、自动创建和更新书签，以及批量添加或修改页眉和页脚等操作；如何生成各种类型的文档，如报告和合同，并了解了插入图片和表格的方法；研究了如何合并多个 Word 文档、将 Word 文档转换为 PDF 格式，以及对 Word 文档进行加密和解密。

通过本章的学习，用户可以掌握使用 Python-docx 库进行 Word 自动化处理的基础知识。这些技术和实践将帮助用户提高工作效率，减少重复工作，并能够应对各种与 Word 文档相关的任务。

在实际应用中，用户可以根据自己的需求和场景选择适用的方法和技巧，从而更好地运用 Python 进行 Word 自动化处理。通过运用这些技术，可以轻松处理大量文档，创建复杂的文档结构，并实现自动化的报告生成、数据导入等任务。

第4章 Excel 操作自动化

在现代社会中，Excel 作为一款功能强大的电子表格软件，广泛应用于商业和学术界。无论是数据分析、统计报告，还是日常数据的记录与追踪，Excel 都起到了至关重要的作用。然而，手动操作 Excel 的步骤烦琐且效率低下，特别是当涉及大量数据和复杂任务时。在此背景下，Python 自动化办公技术应运而生，为办公效率的提升提供了强大的支持。

本章主要包括多个实战案例，通过对本章的学习，读者将掌握以下关键技能：

❏ Openpyxl 库的使用和基本操作。
❏ 用 Python 实现 Excel 的读写及格式调整。
❏ 用 Python 处理 Excel 中的数据，包括插入、筛选和排序。
❏ 用 Python 自动生成 PivotTable 和数据透视表。
❏ 用 Python 在 Excel 中进行数据的导入和导出。
❏ 用 Python 自动绘制 Excel 图形和统计图表。
❏ 用 Python 检测和处理 Excel 文件中的错误。
❏ 用 Python 实现 Excel 表格的合并、加密和解密。

通过学习本章的实战案例，读者能够熟练运用 Python 进行 Excel 自动化处理，以大幅提高工作效率，从而更灵活地应对各种数据处理需求。无论是数据分析师、财务人员、项目经理，还是研究人员，掌握 Excel 自动化技术将成为其工作中的利器。本章开始探索这些实用而强大的 Excel 自动化功能。

4.1 Excel 操作自动化概述

利用 Python 编程语言与 Openpyxl 库进行交互，可实现对 Excel 文件的自动操作。Python 的自动化脚本可以进行 Excel 表格批量处理、数据清洗和分析、图表生成、报告自动生成等一系列操作，从而提高工作效率和数据处理的准确性。

本节简要介绍 Excel 操作自动化的一些基本概念和常见应用场景，以便为后续的实战打下基础。

首先需要了解几个重要的概念。

❏ 工作簿（Workbook）：Excel 文件的最高级别结构，一个工作簿可以包含多个工作表。

❑ 工作表（Worksheet）：工作簿中的一个单独表格，用于存储和组织数据。

❑ 单元格（Cell）：工作表中的一个格子，用于存储和展示数据。

❑ 行（Row）：工作表中水平排列的一系列单元格。

❑ 列（Column）：工作表中垂直排列的一系列单元格。

了解了这些基本概念后，便可以对 Excel 文件进行读写和操作了。

4.2　Openpyxl 库简介

Openpyxl 是一个用于操作 Excel 文件的库，其功能强大，可以读取、写入和修改 Excel 文件的内容，其标志如图 4.1 所示。本节介绍 Openpyxl 库的基本用法和常用功能。

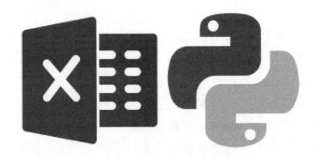

图 4.1　Openpyxl 标志

首先需要安装 Openpyxl 库。可以使用以下命令安装 Openpyxl 库，如代码 4-1 所示。

代码 4-1　安装 Openpyxl 库

```
pip install openpyxl
```

安装完成后，可以使用代码 4-2 导入 Openpyxl 库并打开一个 Excel 文件。

代码 4-2　导入 Openpyxl 库并打开一个 Excel 文件

```
import openpyxl

# 打开 Excel 文件
workbook = openpyxl.load_workbook('example.xlsx')
```

这个示例打开了一个名为 example.xlsx 的 Excel 文件。请确保该文件存在于当前工作目录中。

4.3　Openpyxl 库的基本操作

本节详细介绍 Openpyxl 库的基本操作，包括创建工作簿、读取和写入单元格数据、保存工作簿。这些基础操作是进行 Excel 自动化操作的关键步骤，是后续实战案例的基础。

首先创建一个新的工作簿并写入数据，如代码 4-3 所示。

代码 4-3　新建工作表并写入数据

```python
import openpyxl

# 创建一个新的工作簿
workbook = openpyxl.Workbook()

# 获取活动工作表
worksheet = workbook.active

# 在 A1 单元格写入数据
worksheet['A1'] = 'Hello, World!'

# 保存工作簿
workbook.save('example.xlsx')
```

在上述示例中：首先使用 openpyxl.Workbook()函数创建了一个新的工作簿，并使用 workbook.active 获取活动工作表。然后通过 worksheet['A1']将数据"Hello, World!"写入 A1 单元格，并使用 workbook.save()函数保存工作簿到文件 example.xlsx 中。

接下来，读取和修改单元格的值，如代码 4-4 所示。

代码 4-4　读取和修改单元格的值

```python
import openpyxl

# 打开 Excel 文件
workbook = openpyxl.load_workbook('example.xlsx')

# 获取活动工作表
worksheet = workbook.active

# 读取 A1 单元格的值
cell_value = worksheet['A1'].value
print(cell_value)

# 修改 A1 单元格的值
worksheet['A1'] = 'Hello, Openpyxl!'

# 保存工作簿
workbook.save('example.xlsx')
```

在上述示例中：首先使用 openpyxl.load_workbook()函数打开现有的 Excel 文件 example.xlsx。然后通过 worksheet['A1'].value 读取 A1 单元格的值，并使用 print()函数打印输出。接着使用 worksheet['A1']将 A1 单元格的值修改为"Hello, Openpyxl!"。最后使用 workbook.save()函数保存工作簿。

以上示例讲解了 Openpyxl 库的基本操作，包括创建工作簿、读取和写入单元格的值，以及保存工作簿。这些基础操作为后续章节中更实用、更复杂的 Excel 自动化实战案例奠定了基础。

4.4　实战案例 1：将单元格进行格式化

单元格格式化在 Excel 操作中非常重要，它可以使数据的展示形式更加美观和清晰。在 Openpyxl 中，可以通过 Cell 对象的一些属性和方法对单元格的格式进行设置。

4.4.1　设置字体

设置字体涉及字体样式、大小、颜色、是否加粗等。代码 4-5 展示了如何设置一个单元格的字体样式。

代码 4-5　设置单元格的字体样式

```
import openpyxl
from openpyxl.styles import Font, Color

# 加载工作簿和选择工作表
workbook = openpyxl.load_workbook('example.xlsx')
sheet = workbook.active

# 获取单元格
cell = sheet['A1']

# 设置字体样式
font = Font(name='Calibri', size=11, bold=True, italic=True,
color=Color(rgb="FFFFFF00"))
cell.font = font

# 保存修改后的工作簿
workbook.save('example.xlsx')
```

在以上代码中，首先导入 Font 和 Color 类，然后设置字体样式，包括字体名称（Calibri）、大小（11）、是否加粗（True）、是否斜体（True）以及字体颜色（黄色），最后将设置好的字体样式赋值给单元格的 font 属性。

4.4.2　设置单元格的对齐方式

单元格的对齐方式也是经常需要设置的属性，代码 4-6 展示了如何设置单元格的对齐方式。

代码 4-6　设置单元格的对齐方式

```
import openpyxl
from openpyxl.styles import Alignment

# 加载工作簿和选择工作表
workbook = openpyxl.load_workbook('example.xlsx')
sheet = workbook.active
```

```
# 获取单元格
cell = sheet['A1']

# 设置对齐方式
alignment = Alignment(horizontal='center', vertical='center')
cell.alignment = alignment

# 保存修改后的工作簿
workbook.save('example.xlsx')
```

在以上代码中，首先导入 Alignment 类，然后设置对齐方式，包括水平对齐方式和垂直对齐方式。最后将设置好的对齐方式赋值给单元格的 alignment 属性。

以上是对单元格的基本格式化操作，包括字体样式和对齐方式的设置。在 Openpyxl 库中，还可以设置单元格的边框、填充颜色等样式，具体操作类似，这里不再详细介绍。这些基本操作足够进行大部分的单元格格式化操作。

4.5　实战案例 2：插入图片

在某些情况下，可能需要在 Excel 表格中插入图片，例如在产品列表中插入产品图片。Openpyxl 库支持在单元格中插入图片。

4.5.1　插入单张图片

首先从插入单张图片开始。代码 4-7 展示了如何在指定单元格中插入一张图片。

代码 4-7　插入单张图片

```
import openpyxl
from openpyxl.drawing.image import Image

# 加载工作簿和选择工作表
workbook = openpyxl.load_workbook('example.xlsx')
sheet = workbook.active

# 创建 Image 对象
img = Image('example.png')

# 将图片添加到指定的单元格
sheet['A1'].image = img

# 保存修改后的工作簿
workbook.save('example.xlsx')
```

在以上代码中，首先导入 Image 类，然后创建一个 Image 对象，并指定图片文件的路径。然后将图片添加到单元格 A1 中，最后保存工作簿。

4.5.2　批量插入图片

在处理 Excel 表格时，有时需要批量地插入图片，例如在产品列表中为每个产品插入图片。代码 4-8 展示了如何批量插入图片。

代码 4-8　批量插入图片

```
import openpyxl
from openpyxl.drawing.image import Image

# 加载工作簿和选择工作表
workbook = openpyxl.load_workbook('example.xlsx')
sheet = workbook.active

# 图片文件路径列表
img_files = ['example1.png', 'example2.png', 'example3.png']

# 在每个单元格插入对应的图片
for i, img_file in enumerate(img_files, start=1):
    img = Image(img_file)
    sheet[f'A{i}'].image = img

# 保存修改后的工作簿
workbook.save('example.xlsx')
```

在以上代码中，首先定义一个图片文件路径的列表，然后遍历这个列表，在每个单元格中插入对应的图片。图片的行号是通过 enumerate()函数获取的，start=1 表示从 1 开始计数。

以上是批量插入图片的操作，这对处理需要包含大量图片的 Excel 表格非常有用。

4.6　实战案例 3：自动填充表格

在处理 Excel 表格时，经常需要填充大量数据。手动输入不仅效率低，而且容易出错。有了 Python 和 Openpyxl 库，这个过程可以自动化完成，大大提高工作效率。

4.6.1　填充单元格

填充单个单元格的数据比较简单。代码 4-9 展示了如何在指定的单元格中填充数据。

代码 4-9　填充单个单元格

```
import openpyxl
# 加载工作簿和选择工作表
workbook = openpyxl.load_workbook('example.xlsx')
sheet = workbook.active

# 在单元格 A1 中填充数据
```

```
sheet['A1'] = 'Hello, world!'

# 保存修改后的工作簿
workbook.save('example.xlsx')
```

在上述代码中，直接给单元格赋值就可以在单元格中填充数据。这种方式非常直观、简单。

4.6.2　填充一行或一列

有时，需要在 Excel 表格中填充一行或一列数据。代码 4-10 展示了如何填充一行数据。

代码 4-10　填充一行数据

```
import openpyxl
# 加载工作簿和选择工作表
workbook = openpyxl.load_workbook('example.xlsx')
sheet = workbook.active

# 在第 1 行填充数据
for i, value in enumerate(['Name', 'Age', 'Gender'], start=1):
    sheet.cell(row=1, column=i, value=value)

# 保存修改后的工作簿
workbook.save('example.xlsx')
```

在上述代码中，首先使用了 cell 方法接收一个行号和一个列号，然后返回对应的单元格。最后，给这个单元格赋值，以填充数据。

同理，填充一列数据的方法也是类似的，只需要交换行号和列号即可。

4.6.3　批量填充数据

在处理大量数据时，可能需要批量填充数据。代码 4-11 展示了如何批量填充数据。

代码 4-11　批量填充数据

```
import openpyxl
# 加载工作簿和选择工作表
workbook = openpyxl.load_workbook('example.xlsx')
sheet = workbook.active

# 数据列表
data = [
    ['Name', 'Age', 'Gender'],
    ['Alice', 25, 'Female'],
    ['Bob', 30, 'Male'],
    ['Charlie', 35, 'Male'],
]

# 批量填充数据
for i, row in enumerate(data, start=1):
```

```
        for j, value in enumerate(row, start=1):
            sheet.cell(row=i, column=j, value=value)

# 保存修改后的工作簿
workbook.save('example.xlsx')
```

在上述代码中，首先定义了一个二维列表，代表要填充的数据。然后遍历这个列表，将每个元素填充到对应的单元格中。

4.7　实战案例 4：批量转换 Excel 文件格式

在日常工作中，经常会遇到需要将大量 Excel 文件从一个格式转换为另一个格式的情况，例如将 xlsx 文件转换为 xls 文件，或者将 xls 文件转换为 csv 文件。虽然可以手动完成这些操作，但会消耗大量时间和精力。使用 Python 和 Openpyxl 库，可以自动化这个过程，大大提高工作效率。

代码 4-12 展示了如何将 xlsx 文件转换为 csv 文件。

代码 4-12　批量转换Excel文件格式

```
import os
import csv
from openpyxl import load_workbook

def convert_excel_to_csv(xlsx_file, csv_file):
    """将 Excel 文件转换为 CSV 文件"""
    workbook = load_workbook(xlsx_file)
    sheet = workbook.active

    with open(csv_file, 'w', newline='') as f:
        c = csv.writer(f)
        for r in sheet.rows:
            c.writerow([cell.value for cell in r])

# 文件夹路径
folder_path = '/path/to/your/folder/'

# 获取文件夹中所有 xlsx 文件
xlsx_files = [f for f in os.listdir(folder_path) if f.endswith('.xlsx')]

# 批量转换文件格式
for xlsx_file in xlsx_files:
    csv_file = xlsx_file.replace('.xlsx', '.csv')
    convert_excel_to_csv(os.path.join(folder_path, xlsx_file),
                         os.path.join(folder_path, csv_file))
```

在上述代码中，我们定义了一个函数 convert_excel_to_csv()，它将一个 xlsx 文件转换为 csv 文件。然后，遍历指定文件夹中的所有 xlsx 文件，将它们转换为 csv 文件。

这个过程可以轻松地适应其他的需求，例如，将 xlsx 文件转换为 xls 文件，只需要使用适当的库（例如 xlrd 和 xlwt 库）来读取和写入文件。

4.8　实战案例 5：自动生成 Excel 报告

在许多情况下，数据分析的结果需要以 Excel 报告的形式进行呈现。有了 Python 和 Openpyxl 库，可以自动完成这个过程，既高效又准确。

本节是一个简单的示例：如何自动化生成包含总结数据和图表的 Excel 报告，如代码 4-13 所示。

代码 4-13　自动生成Excel报告

```python
import openpyxl
from openpyxl.chart import BarChart, Reference

# 加载工作簿和选择工作表
workbook = openpyxl.load_workbook('data.xlsx')
sheet = workbook.active

# 计算总结数据
total_sales = sum(cell.value for cell in sheet['B2:B6'])

# 将总结数据写入工作表
sheet['B7'] = 'Total'
sheet['C7'] = total_sales

# 创建一个条形图
chart = BarChart()
values = Reference(sheet, min_col=3, min_row=2, max_row=6)
labels = Reference(sheet, min_col=2, min_row=2, max_row=6)
chart.add_data(values, titles_from_data=True)
chart.set_categories(labels)

# 将图表添加到工作表
sheet.add_chart(chart, 'E2')

# 保存修改后的工作簿
workbook.save('report.xlsx')
```

在上述代码中，首先加载工作簿并选择工作表，然后计算 B 列的总和，并将结果写入 B7 单元格。接着将 C2 到 C6 的数据作为值，将 B2 到 B6 的数据作为标签。最后，将图表添加到工作表，并保存工作簿。

以上是自动化生成 Excel 报告的操作。在接下来的实战中，读者将学习更多 Openpyxl 的操作，例如自动化读取和写入 CSV 文件、Excel 表格加密和解密等。

4.9　实战案例 6：自动读取和写入 CSV 文件

CSV（Comma-Separated Values）文件是一种常见的数据存储格式，可以用来存储表格数据。Python 的标准库提供了 csv 模块，可以方便地读取和写入 CSV 文件。

代码 4-14 展示如何使用 csv 模块自动读取 CSV 文件，并写入新的数据。

代码 4-14　自动读取和写入CSV文件

```python
import csv

# 读取 CSV 文件
with open('data.csv', 'r') as f:
    reader = csv.reader(f)
    for row in reader:
        print(row)

# 写入 CSV 文件
data = [
    ['Name', 'Age', 'Gender'],
    ['Tom', 18, 'Male'],
    ['Alice', 20, 'Female'],
]

with open('data.csv', 'w', newline='') as f:
    writer = csv.writer(f)
    for row in data:
        writer.writerow(row)
```

在上述代码中，首先打开名为 data.csv 的文件并创建一个 csv.reader 对象。接着，遍历 reader 对象的每一行，打印出每行的内容。然后，创建一个新的列表 data，包含要写入 CSV 文件的数据；打开同一文件，并创建一个 csv.writer 对象。最后，遍历 data 列表，将每行数据写入 CSV 文件中。

这个实战案例展示了如何自动化读取和写入 CSV 文件。通过 Python 的 csv 模块，处理 CSV 文件变得简单而直接。

4.10　实战案例 7：Excel 文件的加密和解密

在日常工作中，有时需要对 Excel 文件进行加密保护，以防止未经授权的人访问敏感数据。同时，也需要解密这些文件以进行进一步的处理。尽管 Python 的 openpyxl 库无法直接实现 Excel 的加密和解密，但可以使用其他库例如 msoffcrypto-tool（一个 Python 的 Microsoft Office 文件加密库）来实现。

以下是使用 msoffcrypto-tool 进行 Excel 文件加密和解密的基本操作。值得注意的是，msoffcrypto-tool 库主要用于解密已加密的 Microsoft Office 文件，而不是用于给它们加密。然而，Python 提供了多种方法来实现 Excel 文件的加密。例如，在 Windows 操作系统中，并且电脑已安装 Microsoft Excel，我们可以使用 Python 的 win32com 库调用 Excel 自身的加密功能。此外，还有一些 Python 的加密库，比如，cryptography、pycryptodome 等可以用来加密任何文件，包括 Excel 文件。

首先，安装 msoffcrypto-tool 和 win32com 库，如代码 4-15 所示。

代码 4-15　安装msoffcrypto-tool库

```
pip install msoffcrypto-tool
pip install pywin32
```

对 Excel 进行加密，如代码 4-16 所示。

代码 4-16　加密Excel文件

```
import win32com.client
import os

def encrypt_excel_file(filename, password):
    """加密 Excel 文件"""
    # 检查文件是否存在
    if not os.path.exists(filename):
        raise FileNotFoundError(f"无法找到文件: {filename}")

    # 打开 Excel
    excel = win32com.client.Dispatch('Excel.Application')

    # 禁用自动恢复功能
    excel.DisplayAlerts = False
    excel.AskToUpdateLinks = False
    excel.EnableEvents = False

    # 打开要加密的工作簿
    wb = excel.Workbooks.Open(os.path.abspath(filename))

    # 加密并保存文件
    wb.SaveAs(os.path.abspath(filename) + ".encrypted", Password=
password)

    # 关闭工作簿
    wb.Close()

    # 退出 Excel
    excel.Quit()

# 加密文件
encrypt_excel_file('example.xlsx', 'password123')
```

对 Excel 进行解密，如代码 4-17 所示。

代码 4-17　解密Excel文件

```
import msoffcrypto

def decrypt_excel_file(encrypted_filename, password, decrypted_filename):
    """解密 Excel 文件"""
    # 打开加密的文件
    file = msoffcrypto.OfficeFile(open(encrypted_filename, 'rb'))

    # 解密文件
    file.load_key(password=password)    # 使用密码生成解密密钥
    file.decrypt(open(decrypted_filename, 'wb'))        # 解密并保存文件

# 解密文件
```

```
decrypt_excel_file('example.xlsx.encrypted', 'password123', 'example_
decrypted.xlsx')
```

上述代码定义了两个函数，一个用于加密 Excel 文件，另一个用于解密 Excel 文件。注意，加密和解密的过程都需要密码。

使用 Python 对 Excel 文件进行加密和解密操作是非常直接、方便的，对需要保护敏感信息的场景，这是一个很有用的技能。

4.11　实战案例 8：批量合并 Excel 表格

在日常办公中，经常需要将多个 Excel 表格合并为一个。通过 Python 和 Openpyxl 库，可以自动化这个过程，将不同的 Excel 表格合并到一个新的工作簿中。

代码 4-18 是一个使用 Python 和 Openpyxl 库合并 Excel 表格的简单示例。

代码 4-18　批量合并Excel表格

```
import openpyxl

def merge_excels(filenames, output_filename):
    # 创建一个新的工作簿
    workbook = openpyxl.Workbook()
    workbook.remove(workbook.active)

    # 循环读取每一个 Excel 文件
    for filename in filenames:
        # 打开 Excel 文件
        temp_workbook = openpyxl.load_workbook(filename)
        # 获取所有的工作表名
        sheet_names = temp_workbook.sheetnames
        # 循环处理每一个工作表
        for sheet_name in sheet_names:
            temp_sheet = temp_workbook[sheet_name]
            if sheet_name in workbook.sheetnames:
                # 如果工作表已存在，则获取工作表
                sheet = workbook[sheet_name]
            else:
                # 如果工作表不存在，则创建新的工作表
                sheet = workbook.create_sheet(title=sheet_name)
            # 复制数据
            for row in temp_sheet.iter_rows(min_row=2, values_only=True):
                sheet.append(row)
    # 保存合并后的 Excel 文件
    workbook.save(output_filename)

# 合并 Excel 文件
merge_excels(['data1.xlsx', 'data2.xlsx'], 'merged.xlsx')
```

在上述代码中，首先创建一个新的工作簿，并删除默认创建的工作表。然后循环打开每一个 Excel 文件，遍历每一个工作表。如果工作表在新的工作簿中不存在，就创建一个新的工作表，如果存在，就获取已存在的工作表。接着，从第二行开始（第一行一

般是标题行，避免重复），将每一行的数据添加到新的工作表中。最后，保存合并后的
Excel 文件。

使用 Python 批量合并 Excel 表格是非常直接、方便的。无论有多少个工作表，多少
个 Excel 文件，都可以快速地完成任务。

4.12　实战案例 9：自动筛选和排序

在处理 Excel 表格时，筛选和排序是常见的需求。使用 Openpyxl 库，可以轻松实现
这些操作。然而，需要注意的是，Openpyxl 库并没有直接提供筛选和排序的功能，需要
用户自己实现这些操作。

代码 4-19 是一个简单的例子，说明如何使用 Python 和 Openpyxl 库实现 Excel 表格
的自动筛选和排序操作。

代码 4-19　自动筛选和排序

```python
import openpyxl

def filter_and_sort(filename, filter_column, filter_value, sort_column):
    # 加载 Excel 文件
    workbook = openpyxl.load_workbook(filename)
    sheet = workbook.active

    # 过滤数据
    filtered_data = []
    for row in sheet.iter_rows(min_row=2, values_only=True):
        if row[filter_column - 1] == filter_value:
            filtered_data.append(row)

    # 排序数据
    sorted_data = sorted(filtered_data, key=lambda x: x[sort_column - 1])

    # 创建新的 Excel 文件
    new_workbook = openpyxl.Workbook()
    new_sheet = new_workbook.active
    # 写入数据
    for data in sorted_data:
        new_sheet.append(data)
    new_workbook.save('filtered_and_sorted.xlsx')

# 筛选并排序 Excel 文件
filter_and_sort('data.xlsx', 2, 'Male', 3)
```

上述代码中定义了一个函数 filter_and_sort()，它接收 4 个参数：一个 Excel 文件名，
一个要进行筛选的列的序号，一个要筛选的值和一个要进行排序的列的序号。这个函数
首先打开 Excel 文件，并遍历工作表中的每一行数据，如果该行的指定列的值等于给定
的筛选值，就把这行数据保存到 filtered_data 列表中。然后，对 filtered_data 列表进行排
序，排序的关键字是每行数据的指定列的值。最后，创建一个新的 Excel 文件，将排序
后的数据写入新的工作表中。

这个实战案例展示了如何使用 Python 和 Openpyxl 库进行 Excel 表格的筛选和排序操作，这些操作在处理大量数据时是非常有用的。

4.13　实战案例 10：自动生成 PivotTable

PivotTable（数据透视表）是一种可以对复杂数据进行汇总的强大工具。然而，Openpyxl 库并不直接支持创建 PivotTable，但可以使用 pandas 库来实现类似的功能。

pandas 提供了强大的数据处理功能，包括生成 PivotTable。pandas 读取 Excel 文件后，数据会被存储在 DataFrame 对象中，然后，可以使用 pivot_table 方法创建 PivotTable。

以下是一个使用 pandas 创建 PivotTable 的示例。首先，需要安装 pandas 库和 xlwt 库，如代码 4-20 所示。

代码 4-20　安装pandas库和xlwt库

```
pip install pandas xlwt
```

然后利用这两个库，生成透视表，如代码 4-21 所示。

代码 4-21　生成数据透视表

```
import pandas as pd

def create_pivot_table(filename, output_filename, index, columns,
values):
    # 读取 Excel 文件
    df = pd.read_excel(filename)
    # 创建 PivotTable
    pivot_table = pd.pivot_table(df, index=index, columns=columns,
values=values)
    # 将 PivotTable 写入新的 Excel 文件
    pivot_table.to_excel(output_filename)

# 创建数据透视表
create_pivot_table('data.xlsx', 'pivot_table.xlsx', ['Name'],
['Gender'], ['Score'])
```

上述代码定义了一个函数 create_pivot_table()，它接收 5 个参数：一个 Excel 文件名，一个输出文件名，一个表示行索引的列表，一个表示列索引的列表和一个表示值的列表。这个函数首先读取 Excel 文件，然后使用 pivot_table 方法创建 PivotTable，最后将 PivotTable 写入新的 Excel 文件。

这个实战案例展示了如何利用 pandas 库来创建数据透视表。数据透视表是 Excel 中一个强大的工具，可以有效地将大量数据进行汇总和分析。使用 Python 和 pandas 生成数据透视表的方式具有很高的灵活性，对需要处理大量数据，尤其是需要反复创建透视表的情况，自动化生成数据透视表无疑能够大大提升工作效率。

这个实战案例使用 pd.pivot_table 方法创建了数据透视表，该方法接收指定的行索引、列索引和值。其中，行索引和列索引决定了数据透视表的结构，值则决定了数据透视表中的具体数据。通过调整这些参数，可以创建出各种各样的数据透视表，以满足不同的数据分析需求。

需要注意的是，pandas 不仅支持将数据透视表写入 Excel，也支持直接在 Python 环境中对数据透视表进行操作和分析。

虽然 Openpyxl 库并不直接支持创建数据透视表，但可以借助 pandas 等其他库的功能来实现这一需求，来进一步扩展 Python 在 Excel 自动化方面的能力。

4.14　实战案例 11：自动导入和导出 Excel 数据

对任何使用 Excel 的场景，导入和导出数据都是常见的需求。在 Openpyxl 库可以自动化这个过程，大大提高工作效率。

导入数据指的是从 Excel 文件读取数据。前文已讲过多种读取数据的方式，例如读取单个单元格的数据，读取一行或一列的数据，甚至读取整个工作表的数据。

导出数据指的是将数据写入 Excel 文件。前文也讲过多种写入数据的方式，例如写入单个单元格的数据，写入一行或一列的数据，甚至创建新的工作表并写入数据。

下面的示例将综合这些操作，展示如何从一个 Excel 文件导入数据，处理数据，然后将结果导出到另一个 Excel 文件，如代码 4-22 所示。

代码 4-22　自动导入和导出Excel数据

```python
import openpyxl

def import_and_export_data(input_filename, output_filename):
    # 打开输入文件
    input_workbook = openpyxl.load_workbook(input_filename)
    input_sheet = input_workbook.active

    # 从输入文件中读取数据
    data = list(input_sheet.values)

    # 处理数据（此处简单地将数据反转）
    processed_data = data[::-1]

    # 创建输出文件
    output_workbook = openpyxl.Workbook()
    output_sheet = output_workbook.active

    # 将处理后的数据写入输出文件
    for row in processed_data:
        output_sheet.append(row)

    # 保存输出文件
    output_workbook.save(output_filename)

# 导入和导出数据
import_and_export_data('input.xlsx', 'output.xlsx')
```

上述代码定义了一个函数 import_and_export_data()，它接收两个参数：一个输入文件名和一个输出文件名。这个函数首先打开输入文件，从中读取所有数据，然后对数据进行处理（在这个例子中，只是简单地将数据反转）。然后，这个函数创建一个新的输出文件，并将处理后的数据写入这个文件中。最后，保存这个输出文件。

这个实战案例展示了如何使用 Python 和 Openpyxl 库进行 Excel 数据的导入和导出，这是自动化处理 Excel 数据的基础。

4.15　实战案例 12：自动绘制图形

Openpyxl 库可以用于创建 Excel 中的图形，如柱状图、饼图、线图等。为了生成图形，首先需要创建一个 Chart 对象，然后添加数据并设置相关的属性。

以下是一个创建条形图的示例。这个示例首先会创建一个新的 Excel 工作表，并在其中添加一些数据，然后创建一个条形图并添加到这个工作表中。

首先，需要安装 matplotlib 库，如代码 4-23 所示。

代码 4-23　安装matplotlib库

```
pip install matplotlib
```

然后利用这个库自动绘制图形，如代码 4-24 所示。

代码 4-24　自动绘制图形

```
import openpyxl
from openpyxl.chart import BarChart, Reference

def create_chart(filename):
    # 创建一个新的 Excel 工作表
    workbook = openpyxl.Workbook()
    sheet = workbook.active

    # 添加一些数据
    data = [
        ["Year", "Sales"],
        [2016, 100],
        [2017, 150],
        [2018, 200],
        [2019, 125],
        [2020, 180],
    ]
    for row in data:
        sheet.append(row)

    # 创建一个柱状图
    chart = BarChart()

    # 选择数据
    data = Reference(sheet, min_col=2, min_row=1, max_col=2, max_row=6)
    categories = Reference(sheet, min_col=1, min_row=2, max_row=6)

    # 将数据添加到图形中
    chart.add_data(data, titles_from_data=True)
```

```
    chart.set_categories(categories)

    # 将图形添加到工作表中
    sheet.add_chart(chart, "D5")

    # 保存 Excel 文件
    workbook.save(filename)

# 创建图形
create_chart('chart.xlsx')
```

在上述代码中，首先创建一个新的 Excel 工作表并添加一些数据。接着，创建一个 BarChart 对象，并使用 Reference 对象选择工作表中的数据作为图形的数据。然后，将这个图形添加到工作表中的"D5"单元格。最后，保存这个 Excel 文件。

绘制的图形如图 4.2 所示。

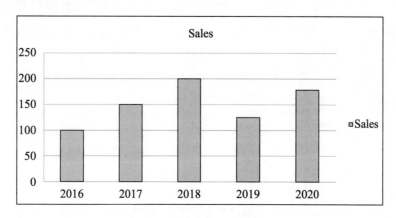

图 4.2　绘制的柱状图

这个实战案例展示了如何使用 Python 和 Openpyxl 库来创建 Excel 中的图形。这是一个非常有用的技能，因为它可以更直观地展示数据，并且可以自动化地创建大量的图形。

4.16　实战案例 13：自动检测 Excel 文件中的错误

在处理大量的 Excel 文件时，常常需要检查文件中是否存在错误，如公式错误、空值或数据类型错误等。通过 Python 和 Openpyxl 库，可以编写脚本来自动检测这些错误，提高数据的准确性和工作效率。

本节以检测空值为例，介绍如何自动检测 Excel 文件中的错误，如代码 4-25 所示。

代码 4-25　自动检测Excel文件中的错误

```
import openpyxl

def detect_errors(filename):
    # 打开 Excel 文件
```

```
        workbook = openpyxl.load_workbook(filename)
        sheet = workbook.active

        # 检查每个单元格,如果单元格为空,则打印出单元格的位置
        for row in sheet.iter_rows():
            for cell in row:
                if cell.value is None:
                    print(f"空值在 {cell.row} 行, {cell.column} 列")

    # 检测错误
    detect_errors('example.xlsx')
```

在上述代码中,首先打开 Excel 文件,然后使用 iter_rows()方法遍历工作表中的每一行。对每一行中的每一个单元格,如果单元格的值是 None,即单元格为空,便打印出单元格的位置信息。

通过扩展此代码,可以检测各种类型的错误。例如,如果需要检测公式错误,可以检查单元格的 data_type 属性是否为 "e",这表示单元格包含一个错误的公式。如果需要检测数据类型错误,可以检查单元格的值的类型是否符合预期。

这个实战案例展示了如何使用 Python 和 Openpyxl 库自动检测 Excel 文件中的错误,这对维护 Excel 中大量数据的质量是非常有用的。

4.17　实战案例 14：自动生成 Excel 表格的统计图表

统计图表是对数据的图形化表示,可以更好地理解和解释数据。在 Excel 中,可以创建各种类型的统计图表,如柱状图、线图、饼图等,但如果需要创建大量的图表,则会非常耗时。通过使用 Python 和 Openpyxl 库,我们可以自动化此过程,从而提高工作效率。

本节将介绍如何使用 Python 和 Openpyxl 库创建一个简单的柱状图,如代码 4-26 所示。

代码 4-26　自动生成Excel表格的统计图表

```
import openpyxl
from openpyxl.chart import BarChart, Reference

def create_bar_chart(filename):
    # 打开 Excel 文件
    workbook = openpyxl.load_workbook(filename)
    sheet = workbook.active

    # 创建一个柱状图
    chart = BarChart()

    # 选择数据
    data = Reference(sheet, min_col=2, min_row=1, max_col=4, max_row=6)
    categories = Reference(sheet, min_col=1, min_row=2, max_row=6)

    # 将数据添加到图表中
    chart.add_data(data, titles_from_data=True)
    chart.set_categories(categories)
```

```
    # 将图表添加到工作表中
    sheet.add_chart(chart, "F10")

    # 保存 Excel 文件
    workbook.save(filename)

# 创建柱状图
create_bar_chart('example.xlsx')
```

在上述代码中，首先打开一个 Excel 文件，创建一个 BarChart 对象。接着，使用
Reference 对象选择工作表中的数据作为图表的数据和类别标签。然后，将数据添加到图
表中，并将图表添加到工作表的指定位置。最后，保存 Excel 文件。

这个实战案例展示了如何使用 Python 和 Openpyxl 库自动化创建 Excel 中的统计图
表。这种技能可以应用于大量数据的可视化，用来更好地理解和解释数据。

4.18　小　　结

本章致力于深入解读 Python 在 Excel 办公自动化中的应用。通过一系列的实战案例，
本章展示了 Openpyxl 库的广泛功能，包括格式化单元格、批量插入图片、自动填充表格、
转换文件格式、生成 Excel 报告、读写 CSV 文件、表格加密解密、批量合并表格、筛选
排序、生成 PivotTable、导入导出数据、绘制图形、检测文件错误以及生成统计图表等。

这些实战案例不仅展示了 Python 对 Excel 数据的处理能力，更重要的是提供了一种
自动化的思维方式，引导用户利用 Python 实现各种常见的 Excel 任务，提高工作效率。
每一个案例都可以作为实际项目的参考，也可根据用户的自身需求进行修改和扩展。

总体而言，本章提供了丰富的资源和工具，帮助用户在 Python 的世界中更深入地理
解和掌握 Excel 办公自动化。用户可以利用本章学习的知识，在日常工作中实现数据处
理的自动化，进一步提高工作效率和数据质量。

第 5 章　PPT 操作自动化

在日常工作中，PowerPoint 简称 PPT，它是一种极为常见且重要的沟通工具。使用 PPT 可以进行项目汇报、数据可视化，甚至进行教学讲解。然而，创建和编辑 PPT 的过程往往费时费力。那么，有没有一种方式，能更高效地处理这些常见的 PPT 任务呢？答案是肯定的。那就是用 Python 让 PPT 操作自动化。

本章通过多个实战案例，介绍 Python-pptx 库的使用。通过对本章的学习，读者将掌握以下关键技能：

❑ 使用 Python-pptx 库创建和编辑 PPT。

❑ 在 PPT 中插入和修改各种元素，如文本框、图片、表格、图表、音频、视频、超链接和动画效果。

❑ 自动生成幻灯片标题、内容、封面、目录、背景、注释和备注。

❑ 将 PPT 导出为 PDF 格式或图片格式。

❑ 批量处理 PPT 文件，包括转换文件格式，将 PPT 上传到云端并自动将 PPT 插入邮件中。

❑ 从 PPT 文件中提取文本和图片。

在日常工作中，自动化任务无处不在，通过 Python 来实现 PPT 操作的自动化，不仅可以更好地掌控自己的工作，还可以释放更多的时间和精力去关注那些更为重要的事情。

5.1　PPT 操作自动化概述

PPT 广泛用于演示文稿，尤其在商业和教育领域应用更广泛。然而，创建和编辑 PPT 的过程往往费时费力，尤其在处理大量幻灯片或需要重复创建类似模式的幻灯片时更是如此。好在有一种解决方案可以让这些工作变得更轻松，那就是用 Python 让 PPT 操作自动化。

PPT 操作自动化可以极大地提高 PPT 的处理效率，通过编写 Python 程序，可以创建新的 PPT、添加和修改幻灯片的各种元素（如文本框、图片、表格等）、批量处理 PPT 文件等。这些任务的实现，都离不开一个强大的 Python 库——Python-pptx。本节介绍如何使用 Python-pptx 库，以及通过实战案例带领读者学习 PPT 操作自动化的关键技能。

5.2　Python-pptx 库简介

Python-pptx 是一个用于创建和更新 PPT 文件的 Python 库，其标志如图 5.1 所示。它提供了一个简单易用的 API，使用户可以在不启动 PowerPoint 应用程序的情况下操作 PPT 文件。Python-pptx 库支持添加和修改各种元素，包括但不限于幻灯片、文本框、图片、表格、音频、视频等。

图 5.1　Python-pptx 标志

要使用 Python-pptx 库，首先需要安装这个库。库的安装非常简单，只需要在命令行中输入如下的命令即可，如代码 5-1 所示。

代码 5-1　安装Python-pptx库

```
pip install python-pptx
```

上述代码会告诉 Python 的包管理器 pip 下载并安装 Python-pptx 库。安装成功后，便可以在 Python 中通过 import 语句引入这个库，并可以使用它的各种功能，如代码 5-2 所示。

代码 5-2　导入Python-pptx

```
from pptx import Presentation
```

以上代码引入了 Presentation 类，它是 Python-pptx 库的核心类，表示一个 PPT 演示文稿。接下来的实战案例更深入地介绍如何使用 Presentation 类和其他相关的类操作 PPT 文件。

5.3　Python-pptx 库的基本操作

在开始实战之前，需要先了解 Python-pptx 库的一些基本操作，包括创建新的 PPT、打开已有的 PPT、添加新的幻灯片等。

5.3.1　创建新的 PPT

使用 Python-pptx 库只需要实例化一个 Presentation 对象即可轻松地创建新的 PPT，如代码 5-3 所示。

代码 5-3　创建新的PPT

```
from pptx import Presentation

# 创建一个新的 PPT
ppt = Presentation()
```

上述代码创建了一个新的 Presentation 对象，并将其赋值给变量 ppt，这个新创建的 PPT 是空的，没有任何幻灯片。

5.3.2　打开已有的 PPT

除了创建新的 PPT，Python-pptx 库还支持打开已有的 PPT 文件，只需在实例化 Presentation 对象时，传入 PPT 文件的路径即可，如代码 5-4 所示。

代码 5-4　打开已有的PPT

```
from pptx import Presentation

# 打开一个已有的 PPT
ppt = Presentation('example.pptx')
```

上述代码打开了一个名为 example.pptx 的 PPT 文件，并将其赋值给变量 ppt。

5.3.3　添加新的幻灯片

向 PPT 中添加新的幻灯片是一种非常基础的操作。Python-pptx 库支持通过 Presentation 对象的 slides 属性的 add_slide 方法来添加新的幻灯片。在调用 add_slide 方法时，需要传入一个 SlideLayout 对象，用来指定新添加的幻灯片布局，如代码 5-5 所示。

代码 5-5　添加新的幻灯片

```
from pptx import Presentation
from pptx.enum.text import PP_ALIGN

# 创建一个新的 PPT
ppt = Presentation()

# 获取 PPT 的幻灯片布局
slide_layout = ppt.slide_layouts[1]

# 添加一张新的幻灯片
```

```
slide = ppt.slides.add_slide(slide_layout)

# 在新的幻灯片中添加标题和内容
title = slide.shapes.title
title.text = "Hello, Python PPT Automation!"
content = slide.placeholders[1]
content.text = "This is the content of the slide."

# 保存 PPT
ppt.save('test.pptx')
```

在上述代码中：首先，获取了 PPT 的第二个幻灯片布局，并调用了 ppt.slides.add_slide 方法添加了一张新的幻灯片，而且将其赋值给变量 slide。然后，在新的幻灯片中添加了标题和内容。最后，通过调用 ppt 对象的 save 方法，将 PPT 保存为一个文件，文件名为 test.pptx。

注意：由于 Python 的索引是从 0 开始的，因此 ppt.slide_layouts[1]获取的是第二个幻灯片布局。

以上是 Python-pptx 库的基本操作，接下来的实战案例介绍如何使用 Python-pptx 库进行更复杂的操作，如插入文本框、图片、表格等，以及批量处理 PPT 文件等。

5.4　实战案例 1：在 PPT 中插入文本框和图片

在创建 PPT 演示文稿时，经常需要在幻灯片中插入文本框和图片来传达信息。通过使用 Python-pptx 库，可以轻松地实现在 PPT 中插入文本框和图片的功能。这个实战案例将展示如何使用 Python-pptx 库在 PPT 幻灯片中插入文本框和图片。

首先，创建一个新的 PPT 演示文稿。使用 Presentation 类来表示一个 PPT 文件，并通过实例化 Presentation 类来创建一个新的 PPT 演示文稿。接下来，选择一个幻灯片布局来插入内容。Python-pptx 库提供了许多预定义的幻灯片布局供选择。使用 slides 属性的 add_slide 方法来添加新的幻灯片，并通过 slide_layouts 属性的索引来选择幻灯片布局。最后，我们可以在幻灯片中插入文本框，使用 slide 对象的 shapes 属性的 add_textbox 方法来添加文本框；也可以在幻灯片中插入图片，使用 slide 对象的 shapes 属性的 add_picture 方法来添加图片，具体如代码 5-6 所示。

代码 5-6　在PPT中插入文本框和图片

```
from pptx import Presentation
from pptx.util import Inches

def insert_text_box_and_picture(filename, image_file):
    """
    在 PPT 中插入文本框和图片的实战演示

    参数：
    filename -- 要保存的 PPT 文件名
```

```
         image_file -- 要插入的图片文件名
         """

         # 创建一个新的 PPT 演示文稿
         ppt = Presentation()

         # 选择幻灯片布局
         slide_layout = ppt.slide_layouts[1]

         # 添加一张新的幻灯片
         slide = ppt.slides.add_slide(slide_layout)

         # 在幻灯片中插入文本框
         textbox = slide.shapes.add_textbox(left=Inches(1), top=Inches(1),
 width=Inches(4), height=Inches(2))
         text_frame = textbox.text_frame
         text_frame.text = "This is a text box"

         # 在幻灯片中插入图片
         slide.shapes.add_picture(image_file, left=Inches(2), top=Inches(3),
 width=Inches(4), height=Inches(2))

         # 保存 PPT 演示文稿
         ppt.save(filename)

 # 调用函数演示在 PPT 中插入文本框和图片
 insert_text_box_and_picture('presentation.pptx', 'image.jpg')
```

上述代码定义了一个函数 insert_text_box_and_picture()，它接收两个参数：一个是要保存的 PPT 文件名，另一个是要插入的图片文件名。这个函数演示了如何创建一个新的 PPT 演示文稿，并在幻灯片中插入一个文本框和一张图片。通过调用函数并设置相应的参数，可以在 PPT 中插入自定义的文本框和图片，并保存为指定的文件名的 PPT 演示文稿。

这个实战案例展示了如何利用 Python-pptx 库实现在 PPT 中插入文本框和图片的功能。通过灵活运用 Python-pptx 库的各种方法和属性，可以自由定制和编辑 PPT 内容，使演示文稿更具吸引力和表达力。

5.5　实战案例 2：自动修改文本框和图片

在创建PPT演示文稿时，经常需要根据实际需求对已插入的文本框和图片进行修改。这可能涉及改变文本内容，修改图片尺寸，或者调整它们在幻灯片中的位置等。通过使用 Python-pptx 库，我们可以自动化完成这些操作。这个实战案例将展示如何使用 Python-pptx 库自动化修改 PPT 幻灯片中的文本框和图片。

首先，打开一个已有的 PPT 演示文稿，可以通过实例化 Presentation 类并传入 PPT 文件名来完成这一步。接下来，通过索引访问特定的幻灯片和形状。对文本框，通过修改 text_frame.text 属性来改变文本内容；对图片，通过修改 width 和 height 属性来改变图片尺寸，具体如代码 5-7 所示。

代码 5-7　在PPT中自动修改文本框和图片

```python
from pptx import Presentation
from pptx.util import Inches

def automate_modification(filename):
    """
    在 PPT 中自动修改文本框和图片实战演示

    参数:
    filename -- 要修改的 PPT 文件名
    """

    # 打开一个已有的 PPT 演示文稿
    ppt = Presentation(filename)

    # 通过索引访问特定的幻灯片和形状
    slide = ppt.slides[0]
    textbox = slide.shapes[0]
    picture = slide.shapes[1]

    # 修改文本框的内容
    text_frame = textbox.text_frame
    text_frame.text = "This is a modified text box"

    # 修改图片的尺寸
    picture.width = Inches(3)
    picture.height = Inches(2)

    # 保存 PPT 演示文稿
    ppt.save('modified_' + filename)

# 调用函数演示在 PPT 中自动修改文本框和图片
automate_modification('presentation.pptx')
```

上述代码中定义了一个函数 automate_modification()，它接收一个参数：要修改的 PPT 文件名。这个函数演示了如何打开一个已有的 PPT 演示文稿，并自动修改幻灯片中的文本框和图片。通过调用函数并传入相应的参数，可以自动完成对 PPT 中文本框和图片的修改，并保存为 "modified_" 前缀的 PPT 演示文稿。

通过灵活运用 Python-pptx 库的各种方法和属性，可以自由定制和编辑 PPT 内容，实现对演示文稿的快速和高效修改。

5.6　实战案例 3：在 PPT 中插入表格和图表

在创建 PPT 演示文稿时，经常需要在幻灯片中插入表格和图表来展示数据。Python-pptx 库提供了在 PPT 中插入表格和图表的功能。这个实战案例将展示如何使用 Python-pptx 库在 PPT 幻灯片中插入表格和图表。

首先，选择一个幻灯片布局并添加新的幻灯片。然后，使用 slide 对象的 shapes 属

性的 add_table 方法来添加表格；也可以使用 add_chart 方法来添加图表。注意，add_chart
方法需要一个 chart 类型的参数，Python-pptx 库提供了多种图表类型供用户选择，例如
条形图、折线图、饼图等，具体如代码 5-8 所示。

代码 5-8　在 PPT 中插入表格和图表

```python
from pptx import Presentation
from pptx.util import Inches
from pptx.chart.data import CategoryChartData
from pptx.enum.chart import XL_CHART_TYPE

def insert_table_and_chart(filename):
    """
    在 PPT 中插入表格和图表实战演示

    参数:
    filename -- 要保存的 PPT 文件名
    """

    # 创建一个新的 PPT 演示文稿
    ppt = Presentation()

    # 选择幻灯片布局并添加新的幻灯片
    slide_layout = ppt.slide_layouts[5]
    slide = ppt.slides.add_slide(slide_layout)

    # 在幻灯片中插入表格
    rows, cols = 3, 3
    left = top = Inches(1.0)
    width = height = Inches(2.0)
    table = slide.shapes.add_table(rows, cols, left, top, width,
height).table

    # 添加表格内容
    for r in range(rows):
        for c in range(cols):
            cell = table.cell(r, c)
            cell.text = f"Cell {r+1}-{c+1}"

    # 在幻灯片中插入图表
    chart_data = CategoryChartData()
    chart_data.categories = ['East', 'West', 'Midwest']
    chart_data.add_series('Series 1', (19.2, 21.4, 16.7))

    x, y, cx, cy = Inches(2), Inches(2), Inches(2), Inches(1.5)
    chart = slide.shapes.add_chart(
        XL_CHART_TYPE.COLUMN_CLUSTERED, x, y, cx, cy, chart_data
    ).chart

    # 保存 PPT 演示文稿
    ppt.save(filename)

# 调用函数演示在 PPT 中插入表格和图表
insert_table_and_chart('presentation.pptx')
```

上述代码定义了一个函数 insert_table_and_chart()，它接收一个参数：要保存的 PPT
文件名。这个函数演示了如何创建一个新的 PPT 演示文稿，并在幻灯片中插入一个表格

和一个图表。

通过灵活运用 Python-pptx 库的各种方法和属性，可以自由定制和编辑 PPT 内容，使演示文稿更具吸引力和表达力。

5.7　实战案例 4：自动修改表格和图表

在创建 PPT 演示文稿时，经常需要根据实际需求对已插入的表格和图表进行修改。这可能涉及改变表格内容、修改图表数据，或者调整它们在幻灯片中的位置等。通过使用 Python-pptx 库，我们可以自动完成这些操作。这个实战案例将展示如何使用 Python-pptx 库自动修改 PPT 幻灯片中的表格和图表。

首先，打开一个已有的 PPT 演示文稿，通过实例化 Presentation 类并输入 PPT 文件名来完成这一步。接着，通过索引访问特定的幻灯片和形状。对表格，可以通过修改 cell.text 属性来改变表格内容；对图表，可以通过修改 chart.series 方法来改变图表数据，具体如代码 5-9 所示。

代码 5-9　在PPT中自动修改表格和图表

```python
from pptx import Presentation
from pptx.chart.data import CategoryChartData
from pptx.enum.chart import XL_CHART_TYPE

def automate_modification_table_chart(filename):
    """
    在 PPT 中自动修改表格和图表实战演示

    参数：
    filename -- 要修改的 PPT 文件名
    """

    # 打开一个已有的 PPT 演示文稿
    ppt = Presentation(filename)

    # 通过索引访问特定的幻灯片和形状
    slide = ppt.slides[0]
    table = slide.shapes[0].table
    chart = slide.shapes[1].chart

    # 修改表格的内容
    for r in range(len(table.rows)):
        for c in range(len(table.columns)):
            cell = table.cell(r, c)
            cell.text = f"Modified Cell {r+1}-{c+1}"

    # 修改图表的数据
    chart_data = CategoryChartData()
    chart_data.categories = ['North', 'South', 'Central']
    chart_data.add_series('Series 1', (24.5, 18.4, 22.7))

    # 替换图表数据
```

```
    chart.replace_data(chart_data)

    # 保存 PPT 演示文稿
    ppt.save('modified_' + filename)

# 调用函数演示在 PPT 中自动修改表格和图表
automate_modification_table_chart('presentation.pptx')
```

上述代码定义了一个函数 automate_modification_table_chart()，它接收一个参数：要修改的 PPT 文件名。这个函数演示了如何打开一个已有的 PPT 演示文稿，并自动修改幻灯片中的表格和图表。通过调用函数并输入相应的参数，可以自动完成对 PPT 中表格和图表的修改，并保存为以"modified_"为前缀的 PPT 演示文稿。

通过灵活运用 Python-pptx 库的各种方法和属性，可以高效地编辑 PPT 内容，使演示文稿更加符合用户需求。

5.8　实战案例 5：自动生成幻灯片的标题和内容

在创建 PPT 演示文稿时，经常需要创建许多包含标题和内容的幻灯片。Python-pptx 库提供了自动化创建这些幻灯片的功能。这个实战案例将展示如何使用 Python-pptx 库自动生成带有标题和内容的 PPT 幻灯片。

首先，创建一个新的 PPT 演示文稿。可以使用 Presentation 类来表示一个 PPT 文件，并通过实例化 Presentation 类来创建一个新的 PPT 演示文稿。接下来，选择一个幻灯片布局来插入内容。Python-pptx 库提供了许多预定义的幻灯片布局供选择。可以使用 slides 属性的 add_slide 方法来添加新的幻灯片，并通过 slide_layouts 属性的索引来选择幻灯片布局。然后，使用 slide.shapes.title 和 slide.placeholders[1]来添加标题和内容，具体如代码 5-10 所示。

代码 5-10　在PPT中自动生成幻灯片的标题和内容

```
from pptx import Presentation

def generate_slide_title_content(filename, slides_content):
    """
    在 PPT 中自动生成幻灯片标题和内容的实战演示

    参数:
    filename -- 要保存的 PPT 文件名
    slides_content -- 包含幻灯片标题和内容的列表
    """

    # 创建一个新的 PPT 演示文稿
    ppt = Presentation()

    # 遍历幻灯片内容
    for slide_content in slides_content:
        # 选择幻灯片布局
        slide_layout = ppt.slide_layouts[1]
```

```
    # 添加新的幻灯片
    slide = ppt.slides.add_slide(slide_layout)

    # 添加幻灯片标题和内容
    slide.shapes.title.text = slide_content["title"]
    slide.placeholders[1].text = slide_content["content"]

# 保存 PPT 演示文稿
ppt.save(filename)
# 调用函数演示在 PPT 中自动生成幻灯片标题和内容
slides_content = [
    {"title": "Slide 1", "content": "Content for slide 1."},
    {"title": "Slide 2", "content": "Content for slide 2."},
    {"title": "Slide 3", "content": "Content for slide 3."},
]
generate_slide_title_content('presentation.pptx', slides_content)
```

上述代码定义了一个函数 generate_slide_title_content()，它接收两个参数：一个是要保存的 PPT 文件名，另一个是包含幻灯片标题和内容的列表。这个函数演示了如何创建一个新的 PPT 演示文稿，并自动化生成带有标题和内容的幻灯片。通过调用函数并传入相应的参数，可以在 PPT 中插入自定义的标题和内容，并保存为指定的文件名的 PPT 演示文稿。

通过灵活运用 Python-pptx 库的各种方法和属性，可以高效地创建和编辑 PPT 演示文稿，使其更符合我们的需求。

5.9　实战案例 6：自动生成幻灯片的封面

在创建 PPT 演示文稿时，经常需要创建一个引人注目的封面幻灯片，它能够概括整个演示文稿的主题并吸引听众的注意。这个实战案例将展示如何使用 Python-pptx 库来自动化生成 PPT 封面幻灯片。

Python-pptx 库提供了一个非常便捷的方式来创建封面。用户可以使用标题布局（ppt.slide_layouts[0]）来创建封面，然后添加标题和副标题，具体如代码 5-11 所示。

代码 5-11　在PPT中自动生成幻灯片的封面

```
from pptx import Presentation

def generate_cover_slide(filename, title, subtitle):
    """
    在 PPT 中自动生成幻灯片的封面实战演示

    参数:
    filename -- 要保存的 PPT 文件名
    title -- 封面标题
    subtitle -- 封面副标题
    """
```

```
    # 创建一个新的 PPT 演示文稿
    ppt = Presentation()

    # 选择标题布局
    slide_layout = ppt.slide_layouts[0]

    # 添加封面幻灯片
    slide = ppt.slides.add_slide(slide_layout)

    # 添加标题和副标题
    slide.shapes.title.text = title
    slide.placeholders[1].text = subtitle

    # 保存 PPT 演示文稿
    ppt.save(filename)
# 调用函数演示在 PPT 中自动生成幻灯片的封面
generate_cover_slide('presentation.pptx', 'Presentation Title',
'Presentation Subtitle')
```

上述代码定义了一个函数 generate_cover_slide()，它接收 3 个参数：要保存的 PPT
文件名、封面标题和封面副标题。这个函数演示了如何创建一个新的 PPT 演示文稿，并
自动化生成封面幻灯片。

调用 generate_cover_slide()函数，可以轻松创建一个具有吸引力的封面，从而将演示
文稿的主题和副主题清晰地展示给听众。这种方法不仅可以提升工作效率，还可以保证
每次创建的演示文稿都具有一致的封面风格，使得文稿的演示更加专业和有序。

5.10　实战案例 7：自动生成幻灯片的目录

在创建 PPT 演示文稿时，一个清晰的目录幻灯片可以帮助听众更好地理解和跟踪演
讲的结构和流程。这个实战案例将展示如何使用 Python-pptx 库来自动化生成 PPT 幻灯
片的目录。

具体来说，可以使用标题和内容的布局（ppt.slide_layouts[1]）来创建目录幻灯片，
然后添加标题和目录项，具体如代码 5-12 所示。

代码 5-12　在PPT中自动生成幻灯片的目录

```
from pptx import Presentation

def generate_table_of_contents(filename, title, contents):
    """
    在 PPT 中自动生成幻灯片目录的实战演示

    参数：
    filename -- 要保存的 PPT 文件名
    title -- 目录标题
    contents -- 目录项列表
    """
```

```
# 创建一个新的 PPT 演示文稿
ppt = Presentation()

# 选择标题和内容的布局
slide_layout = ppt.slide_layouts[1]

# 添加目录幻灯片
slide = ppt.slides.add_slide(slide_layout)

# 添加标题
slide.shapes.title.text = title

# 添加目录项
for i, content in enumerate(contents):
    slide.placeholders[1].text += f'{i+1}. {content}\n'

# 保存 PPT 演示文稿
ppt.save(filename)

# 调用函数演示在 PPT 中自动生成幻灯片目录
contents = ["Introduction", "Chapter 1", "Chapter 2", "Conclusion"]
generate_table_of_contents('presentation.pptx', 'Table of Contents',
contents)
```

这段代码定义了一个函数 generate_table_of_contents()，它接收 3 个参数：要保存的 PPT 文件名、目录标题和目录项列表。这个函数演示了如何创建一个新的 PPT 演示文稿，并自动生成目录幻灯片。

调用 generate_table_of_contents()函数，能快速创建包含目录的演示文稿，使讲解结构更清晰，这种方法不仅可以提升工作效率，还能让演讲更具条理性和专业性。

5.11　实战案例 8：自动生成幻灯片的背景

在创建 PPT 演示文稿时，选择一个合适的背景图像可以增加视觉吸引力，使演示更具个性化。本实战案例将探讨如何使用 Python-pptx 库自动生成幻灯片的背景。

可以通过选择每个幻灯片的背景属性，然后添加图片来创建背景，如代码 5-13 所示。

代码 5-13　在PPT中自动生成幻灯片的背景

```
from pptx import Presentation
from pptx.util import Inches
from pptx.enum.shapes import MSO_SHAPE
from pptx.dml.color import RGBColor

def generate_slide_background(filename, image_file):
    """
    在 PPT 中自动生成幻灯片的背景实战演示

    参数:
    filename -- 要保存的 PPT 文件名
    image_file -- 背景图片文件名
    """
```

```
    # 创建一个新的 PPT 演示文稿
    ppt = Presentation()

    # 添加一张新的幻灯片
    slide = ppt.slides.add_slide(ppt.slide_layouts[5])  # Use a blank
slide layout

    # 在幻灯片中插入背景图片
    slide.background.fill.user_picture(image_file)

    # 保存 PPT 演示文稿
    ppt.save(filename)
# 调用函数演示在 PPT 中自动生成幻灯片的背景
generate_slide_background('presentation.pptx', 'background.jpg')
```

上述代码定义了一个函数 generate_slide_background()，它接收两个参数：一个是要保存的 PPT 文件名，另一个是背景图片的文件名。这个函数演示了如何创建一个新的 PPT 演示文稿，并自动化生成带有背景图像的幻灯片。

调用 generate_slide_background()函数，能够快速为幻灯片添加吸引人的背景，增加演示文稿的视觉效果。这种方式不仅减少了手动设置背景的复杂性，而且提供了个性化的演示文稿设计，使 PPT 更具吸引力。

5.12 实战案例 9：自动生成幻灯片的注释和备注

在 PPT 演示文稿中添加注释和备注是一个重要的环节，它能帮助我们记录并说明关于幻灯片内容的重要信息。本次实战案例将展示如何使用 Python-pptx 库来自动生成 PPT 幻灯片的注释和备注。

可以通过访问幻灯片的 notes_slide 属性，并使用 text 属性来添加注释和备注，如代码 5-14 所示。

代码 5-14　在PPT中自动生成幻灯片的注释和备注

```
from pptx import Presentation

def generate_slide_notes(filename, notes):
    """
    在 PPT 中自动生成幻灯片的注释和备注实战演示

    参数:
    filename -- 要保存的 PPT 文件名
    notes -- 注释和备注的内容
    """

    # 创建一个新的 PPT 演示文稿
    ppt = Presentation()

    # 添加一张新的幻灯片
```

```
    slide = ppt.slides.add_slide(ppt.slide_layouts[1])  # Use a title
slide layout

    # 添加注释和备注
    slide.notes_slide.notes_text_frame.text = notes

    # 保存 PPT 演示文稿
    ppt.save(filename)

# 调用函数演示在 PPT 中自动生成幻灯片的注释和备注
generate_slide_notes('presentation.pptx', 'This is a note for the slide.')
```

这段代码定义了一个函数 generate_slide_notes()，它接收两个参数：要保存的 PPT 文件名和注释内容。这个函数展示了如何创建一个新的 PPT 演示文稿，并在幻灯片中自动生成注释和备注。

调用 generate_slide_notes()函数，能够快速添加注释和备注到演示文稿，以便更好地记住关于幻灯片内容的关键信息或提醒。这种自动化方式不仅提高了创建和编辑 PPT 的效率，而且可以确保在每一张幻灯片都不会遗忘重要的注释或备注，从而使演示文稿更为详细和深入。

5.13　实战案例 10：自动将幻灯片导出为 PDF 或图像格式

PPT 演示文稿的分享和发布通常需要将其转换为其他格式，例如 PDF 或图像格式。这样，即使没有 PPT 软件，接收者也可以查看内容。本实战案例探讨如何使用 Python 及一些辅助工具（如 Python-pptx 和 Pyppeteer 等）自动将 PPT 幻灯片导出为 PDF 或图像格式。

Python-pptx 库本身不支持将 PPT 格式直接导出为 PDF 或图像格式，但可以利用一些间接方法实现此目标。例如，可以使用 pyppeteer 库（一个 Python 版本的 Puppeteer 库）在无头 Chrome 浏览器中打开 PPT 文件，并将其导出为 PDF 或图像格式，如代码 5-15 所示。

代码 5-15　自动将幻灯片导出为PDF或图像格式

```
import os
import asyncio
from pyppeteer import launch

async def export_ppt_to_pdf(ppt_file, pdf_file):
    """
    自动将幻灯片导出为 PDF 实战演示

    参数：
    ppt_file -- PPT 文件路径
    pdf_file -- 要保存的 PDF 文件名
    """
```

```
browser = await launch()
page = await browser.newPage()

await page.goto('file://' + os.path.abspath(ppt_file))
await page.pdf(path=pdf_file)

await browser.close()

# 调用函数演示自动将幻灯片导出为 PDF 格式
asyncio.get_event_loop().run_until_complete(export_ppt_to_pdf
('presentation.pptx', 'presentation.pdf'))
```

上述代码定义了一个异步函数 export_ppt_to_pdf()，它接收两个参数：PPT 文件路径和要保存的 PDF 文件名。这个函数展示了如何使用无头 Chrome 浏览器将 PPT 文件导出为 PDF 文件。

通过调用 export_ppt_to_pdf()函数，可以快速地将 PPT 演示文稿导出为 PDF 格式，以便更便捷地分享和发布内容。这种方式充分利用了 Python 的自动化能力，处理 PPT 文件时更加高效和灵活。

5.14　实战案例 11：自动将 PPT 文件上传到云存储

云存储是当前存储、备份和共享文件的常见选择。在此次实战中，我们将学习如何使用 Python 和特定的云服务提供商 SDK（如 AWS SDK、Google Cloud SDK 和 Azure SDK 等）将 PPT 文件自动上传到云存储。

这个实战案例将使用 Amazon S3 作为云存储服务。为此，这里需要使用 boto3 库，这是 Amazon Web Services 的 Python SDK，如代码 5-16 所示。

代码 5-16　自动将 PPT 文件上传到云存储

```
import boto3

def upload_file_to_s3(bucket_name, filename):
    """
    自动将 PPT 文件上传到云存储实战演示

    参数：
    bucket_name -- S3 存储桶名
    filename -- 要上传的文件名
    """

    # 创建 S3 客户端
    s3 = boto3.client('s3')

    # 将文件上传到 S3
    s3.upload_file(filename, bucket_name, filename)

# 调用函数演示自动将 PPT 文件上传到云存储
upload_file_to_s3('my-bucket', 'presentation.pptx')
```

上述代码定义了一个函数 upload_file_to_s3()，它接收两个参数：S3 存储桶名和要上传的文件名。这个函数展示了如何使用 boto3 库将文件上传到 Amazon S3。

通过调用 upload_file_to_s3()函数，可以轻松地将 PPT 文件上传到云存储，以便进行备份或共享。这种方式简化了文件上传流程，使用户可以更专注于演示文稿的内容和结构，而无须担心文件的存储和传输。

5.15　实战案例 12：自动将 PPT 文件发送到邮箱中

电子邮件是一种常见的文件共享和交流方式。本实战案例将展示如何使用 Python 和 SMTP（简单邮件传输协议）自动将 PPT 文件发送到电子邮箱中。

使用 Python 的内置库 smtplib 和 email.mime 创建并发送包含附件的邮件，如代码 5-17 所示。

代码 5-17　自动将PPT文件发送到邮箱中

```python
import smtplib
from email.mime.multipart import MIMEMultipart
from email.mime.base import MIMEBase
from email import encoders

def send_email_with_attachment(smtp_server, username, password, sender,
receiver, subject, filename):
    """
    自动将 PPT 文件发送到邮箱中的实战演示

    参数:
    smtp_server -- SMTP 服务器地址
    username -- SMTP 账号
    password -- SMTP 密码
    sender -- 发件人邮箱
    receiver -- 收件人邮箱
    subject -- 邮件主题
    filename -- 要发送的文件名
    """

    # 创建邮件对象
    msg = MIMEMultipart()
    msg['From'] = sender
    msg['To'] = receiver
    msg['Subject'] = subject

    # 添加附件
    with open(filename, 'rb') as f:
        attach = MIMEBase('application', 'octet-stream')
        attach.set_payload(f.read())
    encoders.encode_base64(attach)
    attach.add_header('Content-Disposition', 'attachment', filename=
filename)
    msg.attach(attach)
```

```
    # 连接到 SMTP 服务器并发送邮件
    with smtplib.SMTP(smtp_server, 587) as server:
        server.starttls()
        server.login(username, password)
        server.sendmail(sender, receiver, msg.as_string())

# 调用函数演示自动将 PPT 文件发送到邮箱中
send_email_with_attachment('smtp.example.com', 'user@example.com',
'password', 'sender@example.com', 'receiver@example.com', 'Presentation',
'presentation.pptx')
```

上述代码定义了一个函数 send_email_with_attachment()，它接收多个参数，包括 SMTP 服务器地址、SMTP 账号和密码、发件人和收件人邮箱、邮件主题以及要发送的文件名。这个函数展示了如何使用 smtplib 库和 email.mime 库将 PPT 文件作为附件发送到电子邮箱中。

通过调用 send_email_with_attachment()函数，可以自动化将 PPT 文件发送到电子邮箱中，这将极大地提高用户的工作效率。通过利用 Python 的强大功能，用户可以将重复烦琐的任务用自动化的方式完成，从而有更多的时间和精力去专注于更重要的事情。

5.16　实战案例 13：自动从 PPT 文件中提取文本和图片

在日常工作中，经常需要从 PPT 文件中提取文本和图片，以便进行进一步的处理或分析。本实战案例将展示如何使用 Python-pptx 库自动从 PPT 文件中提取文本和图片。

Python-pptx 库提供了一种方法，可以遍历 PPT 中的所有幻灯片和形状，并检查形状的类型。如果形状是文本框，可以获取其文本；如果形状是图片，可以获取其图片并将其保存到文件中，具体如代码 5-18 所示。

代码 5-18　自动从PPT文件中提取文本和图片

```python
from pptx import Presentation
from pptx.enum.shapes import MSO_SHAPE

def extract_text_and_images_from_ppt(filename):
    """
    自动从 PPT 文件中提取文本和图片实战演示

    参数:
    filename -- PPT 文件名
    """

    # 创建一个 PPT 对象
    ppt = Presentation(filename)

    # 遍历每一张幻灯片
    for slide_num, slide in enumerate(ppt.slides):
        # 遍历每一个形状
        for shape_num, shape in enumerate(slide.shapes):
```

```
        # 如果形状是文本框，提取文本
        if shape.shape_type == MSO_SHAPE.RECTANGLE:
            if shape.text:
                print(f'Slide {slide_num+1}, Shape {shape_num+1}, Text:
{shape.text}')

        # 如果形状是图片，提取图片并保存到文件中
        elif shape.shape_type == MSO_SHAPE.PICTURE:
            image = shape.image
            image_bytes = image.blob
            image_filename = f'Slide{slide_num+1}_Shape{shape_num+1}.
jpg'
            with open(image_filename, 'wb') as img_file:
                img_file.write(image_bytes)

# 调用函数演示从 PPT 文件中提取文本和图片
extract_text_and_images_from_ppt('presentation.pptx')
```

上述代码定义了一个函数 extract_text_and_images_from_ppt()，它接收一个参数：PPT 文件名。这个函数展示了如何使用 Python-pptx 库从 PPT 文件中提取文本和图片。

通过调用 extract_text_and_images_from_ppt() 函数，可以轻松地获取 PPT 中的重要信息，并进行进一步的处理或分析。这种方法可以帮助用户更深入地理解演示文稿的内容，也可以为其提供更多的处理和分析数据的可能性。

5.17　小　　结

在本章中，我们深入了解了如何使用 Python-pptx 库处理 PPT 文件。学习了如何在 PPT 中插入文本框、图片、表格、图表、音频、视频，以及如何插入超链接和动画效果；学习了如何自动生成幻灯片标题、内容、封面、目录，以及如何自动修改这些内容；还探讨了如何自动处理 PPT 背景、注释、备注，以及如何自动导出 PPT 为 PDF 或图片格式。此外，还学习了如何自动处理批量的 PPT 文件，包括将 PPT 文件上传到云存储、发送到邮件，以及从 PPT 文件中提取文本和图片。

通过上述的学习和实战可以看出 Python-pptx 库是一个非常强大的工具，可以自动处理大量的 PPT 任务。通过使用 Python-pptx 库，可以更高效地创建、编辑和分析 PPT 文件，提高我们的工作效率。

⚠注意：尽管 Python-pptx 库提供了很多功能，但它并不支持所有的 PPT 功能。例如，它无法处理一些复杂的动画和过渡效果，也无法处理一些复杂的图形和图表。因此，当我们在实际项目中使用 Python-pptx 库时，需要考虑到这些限制，并根据实际需求选择合适的工具。

第6章 PDF 操作自动化

PDF 是各行各业广泛使用的电子文档格式，因为其具有便捷性、可扩展性及跨平台的特性。然而，当需要处理大量的 PDF 文档，尤其需要执行常规任务（如合并、分割、提取内容、添加水印、旋转页面等）时，可能会非常耗时和困难。因此，自动化处理这些任务对提高工作效率至关重要。随着 Python 的流行和其强大的库生态发展，Python 及其库已经成为处理这些任务的不二选择。本章将全面介绍如何使用 Python 的相关库来进行 PDF 操作自动化。

本章主要包括多个实战案例。通过对本章的学习，读者将掌握以下关键技能：

❑ PDF 文档的基本操作，如合并与拆分。

❑ 提取 PDF 文档的内容。

❑ 在 PDF 文档中添加和处理水印。

❑ 旋转 PDF 文档页面。

❑ PDF 文档的加密与解密。

❑ 替换 PDF 文档中的文字和图片。

❑ 编辑 PDF 文档的内容。

❑ 翻译 PDF 文档的内容。

❑ 将 PDF 文档转换为图片和 Word 格式。

通过学习本章内容，读者将掌握 PDF 操作自动化的相关技能在日常工作中自动处理 PDF 文件，从而大大提高工作效率。

6.1 PDF 操作自动化概述

在日常办公环境中，PDF 常用于报告、手册、合同等各种文档的共享和发布。然而，PDF 文件的处理常常需要大量的手动操作，如文档合并、分页、内容提取等，耗时耗力，效率低下。因此，自动处理这些操作对提高办公效率是非常重要的。

Python 提供了许多用于处理 PDF 文件的库，其中 PyPDF2 是最常用的一个。PyPDF2 库不仅可以处理 PDF 文件的读取和写入，还可以处理其合并、拆分、旋转等操作，甚至可以对其进行加密和解密。本章将详细介绍如何使用 PyPDF2 进行 PDF 文件的自动化处理。

6.2　PyPDF2 库简介

　　PyPDF2 是一个纯 Python 库，用于读写 PDF，以及对 PDF 文件进行其他处理。它可以处理有密码保护的 PDF，可以在不需要其他软件的情况下独立工作，其标志如图 6.1 所示。PyPDF2 支持大多数常见的 PDF 操作，包括合并文档、拆分文档、裁剪页面、添加水印等。

图 6.1　PyPDF2 标志

　　PyPDF2 的安装非常简单，在 Python 环境中，可以通过 pip 命令进行安装，如代码 6-1 所示。

代码 6-1　安装PyPDF2

```
pip install pypdf2
```

安装成功后，可以在 Python 程序中通过以下命令导入 PyPDF2 库，如代码 6-2 所示。

代码 6-2　导入PyPDF2

```
import PyPDF2
```

　　下面的章节将逐一介绍 PyPDF2 的基本操作和高级功能，以帮助读者更好地掌握 PDF 自动化技术。

6.3　PyPDF2 库的基本操作

　　PyPDF2 库提供了许多功能来处理 PDF 文件，包括打开 PDF 文件、读取 PDF 文件内容、创建新的 PDF 文件等。本节介绍这些操作的示例。

6.3.1　打开 PDF 文件

　　要读取 PDF 文件，首先需要使用 PyPDF2 库的 PdfFileReader 类打开文件。代码 6-3

展示了如何打开一个 PDF 文件。

代码 6-3　打开PDF文件

```python
from PyPDF2 import PdfFileReader

def open_pdf(file_path):
    pdf_file = open(file_path, 'rb')
    pdf_reader = PdfFileReader(pdf_file)
    return pdf_reader

pdf_reader = open_pdf('example.pdf')
```

这段代码定义了一个函数 open_pdf()，该函数接收一个文件路径作为参数，并返回一个 PdfFileReader 对象，该对象可以用来进行后续的操作。

🔔注意：本节仅阐述整体内容，相关代码仅作为示例用，可能需要读者根据实际情况进行修改。另外，一些特殊的 PDF 操作可能需要其他 Python 库的配合，需要根据实际需求进行选择。

6.3.2　读取 PDF 内容

使用 PdfFileReader 对象可以获取 PDF 文件的一些基本信息，如页数和每页的内容。代码 6-4 是如何获取这些信息的示例。

代码 6-4　读取PDF内容

```python
def get_info(pdf_reader):
    number_of_pages = pdf_reader.getNumPages()
    print('Number of pages:', number_of_pages)

    first_page = pdf_reader.getPage(0)
    print('First page content:', first_page.extractText())

get_info(pdf_reader)
```

这段代码定义了一个函数 get_info()，该函数接收一个 PdfFileReader 对象作为参数，并输出 PDF 文件的页数和第一页的内容。

6.3.3　创建新的 PDF 文件

本节使用 PdfFileWriter 类创建新的 PDF 文件。代码 6-5 是如何创建一个新的 PDF 文件的示例。

代码 6-5　创建新的PDF文件

```python
from PyPDF2 import PdfFileWriter

def create_pdf(file_path):
    pdf_writer = PdfFileWriter()
    pdf_output_file = open(file_path, 'wb')
```

```
    pdf_writer.write(pdf_output_file)
    pdf_output_file.close()

create_pdf('new_example.pdf')
```

这段代码定义了一个函数 create_pdf()，该函数接收一个文件路径作为参数，创建一个新的空白 PDF 文件。

这些基本操作是 PDF 自动化的基础，理解并熟练使用这些操作，可以使用户更高效快捷地处理 PDF 文件。接下来的章节将介绍一些更高级的操作，如 PDF 文件的合并、拆分、旋转等。

6.4　实战案例 1：PDF 文档的合并与拆分

在日常工作中，经常需要对 PDF 文档进行合并和拆分的操作。比如，将几个相关的 PDF 文档合并为一个文件，以便于管理和分享。或者，将一个大的 PDF 文档拆分成几个小文件，以便于处理和查阅。在 Python 的 PyPDF2 库中，可以利用 PdfFileMerger 类和 PdfFileWriter 类来实现这些操作。

为了实现 PDF 文档的合并和拆分，首先需要使用 PdfFileReader 类打开文档，然后，根据需要，使用 PdfFileMerger 类合并文档，或使用 PdfFileWriter 类拆分文档。代码 6-6 展示了如何实现这些操作。

代码 6-6　PDF文档的合并与拆分

```
from PyPDF2 import PdfFileReader, PdfFileMerger, PdfFileWriter

def merge_pdfs(file_list, output_filename):
    """
    将多个 PDF 文档合并为一个文件

    参数：
    file_list -- 要合并的 PDF 文档列表
    output_filename -- 输出的 PDF 文档的文件名
    """
    pdf_merger = PdfFileMerger()
    for file in file_list:
        pdf_merger.append(file)
    pdf_merger.write(output_filename)

def split_pdf(file_path, output_folder):
    """
    将一个 PDF 文档拆分成多个单页文件

    参数：
    file_path -- 要拆分的 PDF 文档的路径
    output_folder -- 输出的 PDF 文档的文件夹
    """
    pdf_file = open(file_path, 'rb')
    pdf_reader = PdfFileReader(pdf_file)
    for page_number in range(pdf_reader.getNumPages()):
```

```
        pdf_writer = PdfFileWriter()
        pdf_writer.addPage(pdf_reader.getPage(page_number))
        output_filename = f"{output_folder}/output_{page_number + 1}.pdf"
        with open(output_filename, 'wb') as output_pdf:
            pdf_writer.write(output_pdf)
```

这段代码定义了两个函数：merge_pdfs()用于合并多个 PDF 文档为一个文件，split_pdf()用于将一个 PDF 文档拆分成多个单页文件。这两个函数都接收输入文件和输出文件的路径作为参数，然后进行相应的操作。

这个实战案例展示了如何使用 Python 和 PyPDF2 库进行 PDF 文档的合并和拆分。这些操作在实际工作中很常见，通过使用 Python，可以轻松地实现这些操作的自动化，从而大大提高工作效率。

6.5　实战案例 2：PDF 文档内容提取

在处理 PDF 文档时，经常需要从文件中提取文本内容，例如，从报告中获取关键数据，从研究论文中摘取要点等。Python 的 PyPDF2 库提供了读取 PDF 内容的功能，使得这类任务变得相对容易。

要从 PDF 文档中提取文本，首先需要使用 PyPDF2 的 PdfFileReader 类来打开 PDF 文件，然后通过调用 getPage 方法获取指定页，最后使用 extractText 方法提取该页的文本。代码 6-7 是一个实现此功能的示例。

代码 6-7　PDF文档内容提取

```python
from PyPDF2 import PdfFileReader

def extract_text_from_pdf(file_path):
    """
    从 PDF 文档中提取所有的文本

    参数：
    file_path -- PDF 文档的路径

    返回：
    包含所有文本的字符串
    """
    pdf_file = open(file_path, 'rb')
    pdf_reader = PdfFileReader(pdf_file)
    text = ''
    for page_number in range(pdf_reader.getNumPages()):
        page = pdf_reader.getPage(page_number)
        text += page.extractText()
    return text

# 使用 extract_text_from_pdf()函数，从 example.pdf 文档中提取所有文本
text = extract_text_from_pdf('example.pdf')
print(text)
```

这段代码定义了一个函数 extract_text_from_pdf()，它接收一个 PDF 文档的路径作为

参数，然后从这个文档中提取所有的文本。函数返回一个字符串，该字符串包含文档中所有的文本。

这个实战案例演示了如何使用 Python 和 PyPDF2 库从 PDF 文档中提取文本内容。通过掌握这项技能，用户可以更加有效地处理和分析 PDF 文档，无论是在科研工作中，还是在日常办公中，都能极大地提高工作效率。

6.6 实战案例 3：PDF 文档水印处理

对许多需要发送或共享的 PDF 文档，添加水印是一个常见的需求，因为它可以用来标记文档的所有权，或者提供一些额外的信息。反之，有时候也需要从 PDF 文档中移除水印。Python 的 PyPDF2 库可以帮助我们实现这些任务。

首先，使用 PyPDF2 的 PdfFileReader 类打开需要添加水印的 PDF 文件，以及包含水印的 PDF 文件。然后，通过 getPage 方法获取每一页，再使用 mergePage 方法将水印页面合并到原始页面上。代码 6-8 是一个实现此功能的示例。

代码 6-8　PDF文档水印处理

```python
from PyPDF2 import PdfFileReader, PdfFileWriter

def add_watermark(input_pdf, output_pdf, watermark):
    """
    向 PDF 文档中添加水印

    参数：
    input_pdf -- 原始 PDF 文档的路径
    output_pdf -- 添加水印后的 PDF 文档的路径
    watermark -- 水印 PDF 文档的路径
    """
    watermark_obj = PdfFileReader(watermark)
    watermark_page = watermark_obj.getPage(0)

    pdf_reader = PdfFileReader(input_pdf)
    pdf_writer = PdfFileWriter()

    # 将水印添加到每一页
    for page_number in range(pdf_reader.getNumPages()):
        page = pdf_reader.getPage(page_number)
        page.mergePage(watermark_page)
        pdf_writer.addPage(page)

    with open(output_pdf, 'wb') as out:
        pdf_writer.write(out)

add_watermark('example.pdf', 'watermarked_example.pdf', 'watermark.pdf')
```

这段代码定义了一个函数 add_watermark()，它接收 3 个参数：原始 PDF 文档的路径，添加水印后的 PDF 文档的路径，以及水印 PDF 文档的路径。它会将水印添加到原始 PDF 文档的每一页，然后生成一个新的 PDF 文档。

这个实战案例展示了如何使用 Python 和 PyPDF2 库处理 PDF 文档的水印，包括添加水印和移除水印。这是一个常见的 PDF 文件处理任务，尤其在需要保护文档版权，或者标记文档状态的时候。掌握这项技能，将有助于我们更好地管理和处理 PDF 文件。

6.7　实战案例 4：PDF 文档页面旋转

在处理 PDF 文档时，经常会遇到一些页面的方向不正确，这可能是因为扫描时的错误操作，或者文档生成时的错误设置。这时，需要将页面旋转到正确的方向，而 Python 的 PyPDF2 库提供了旋转页面的功能。

为了实现 PDF 页面的旋转，首先使用 PyPDF2 的 PdfFileReader 类打开 PDF 文件，然后获取需要旋转的页面，并使用 rotateClockwise 或 rotateCounterClockwise 方法来旋转页面。代码 6-9 是一个实现此功能的示例。

代码 6-9　PDF文档页面旋转

```python
from PyPDF2 import PdfFileReader, PdfFileWriter

def rotate_pages(input_pdf, output_pdf, page_numbers, rotation):
    """
    旋转 PDF 文档的指定页面

    参数：
    input_pdf -- 原始 PDF 文档的路径
    output_pdf -- 旋转页面后的 PDF 文档的路径
    page_numbers -- 需要旋转的页面的编号列表
    rotation -- 旋转的角度（顺时针）
    """
    pdf_reader = PdfFileReader(input_pdf)
    pdf_writer = PdfFileWriter()

    for page_number in range(pdf_reader.getNumPages()):
        page = pdf_reader.getPage(page_number)
        if page_number + 1 in page_numbers:
            page = page.rotateClockwise(rotation)
        pdf_writer.addPage(page)

    with open(output_pdf, 'wb') as out:
        pdf_writer.write(out)

rotate_pages('example.pdf', 'rotated_example.pdf', [1, 2], 90)
```

这段代码定义了一个函数 rotate_pages()，它接收 4 个参数：原始 PDF 文档的路径，旋转页面后的 PDF 文档的路径，需要旋转的页面的编号列表，以及旋转的角度（顺时针）。它将指定的页面旋转到指定的角度，然后生成一个新的 PDF 文档。

这个实战案例展示了如何使用 Python 和 PyPDF2 库进行 PDF 文档页面的旋转。这是一个常见的需求，例如，修正扫描错误，或者调整页面的阅读方向。这项技能将帮助我们更好地处理和管理 PDF 文件。

6.8　实战案例 5：PDF 文档加密和解密

在处理 PDF 文档时，经常需要对含有敏感信息的 PDF 文档进行加密，以确保只有授权的人员才能查看这些内容。同样，当接收到一个加密的 PDF 文档时，也需要进行解密才能读取其中的内容。PyPDF2 库提供了加密和解密 PDF 文档的功能，以满足这些需求。

为了实现 PDF 文档的加密和解密，可以使用 PyPDF2 的 PdfFileReader 和 PdfFileWriter 类进行操作。PdfFileWriter 类的 encrypt 方法可以用来加密文档，而 PdfFileReader 类的 decrypt 方法可以用来解密文档。代码 6-10 是一个实现加密功能的示例。

代码 6-10　PDF文档加密

```
from PyPDF2 import PdfFileReader, PdfFileWriter

def encrypt_pdf(input_pdf, output_pdf, password):
    """
    加密 PDF 文档

    参数:
    input_pdf -- 原始 PDF 文档的路径
    output_pdf -- 加密后的 PDF 文档的路径
    password -- 加密密码
    """
    pdf_reader = PdfFileReader(input_pdf)
    pdf_writer = PdfFileWriter()
    for page_number in range(pdf_reader.getNumPages()):
        pdf_writer.addPage(pdf_reader.getPage(page_number))
    pdf_writer.encrypt(password)

    with open(output_pdf, 'wb') as out:
        pdf_writer.write(out)

encrypt_pdf('example.pdf', 'encrypted_example.pdf', 'password')
```

这段代码定义了一个函数 encrypt_pdf()，它接收 3 个参数：原始 PDF 文档的路径，加密后的 PDF 文档的路径，以及加密密码。它将原始 PDF 文档加密，然后生成一个新的 PDF 文档。

要实现对 PDF 文档的解密，可以使用 PdfFileReader 的 decrypt 方法，如代码 6-11 所示。

代码 6-11　PDF文档解密

```
def decrypt_pdf(input_pdf, password):
    """
    解密 PDF 文档

    参数:
    input_pdf -- 加密的 PDF 文档的路径
    password -- 解密密码
```

```
    """
    pdf_reader = PdfFileReader(input_pdf)
    pdf_reader.decrypt(password)
    for page_number in range(pdf_reader.getNumPages()):
        print(pdf_reader.getPage(page_number).extractText())

decrypt_pdf('encrypted_example.pdf', 'password')
```

这段代码定义了一个函数 decrypt_pdf()，此函数接收两个参数：加密的 PDF 文档的路径和解密密码。它将解密 PDF 文档并打印每页的内容。

这个实战案例展示了如何使用 Python 和 PyPDF2 库进行 PDF 文档的加密和解密。这是一种常见的需求，尤其是在处理包含敏感信息的文件时。掌握这项技能，可以更好地保护信息安全。

6.9　实战案例 6：PDF 文档中的文字替换

在处理 PDF 文档时，经常需要替换文档中的某些文字，例如更改文档中的公司名称、联系方式等。虽然 PyPDF2 库不能直接替换 PDF 文档中的文本，但我们可以借助 Python 的其他库，如 PDFMiner 或 pdfrw 等来完成这项任务。

为了实现 PDF 文档的文字替换，可以先用 pdfrw 库来直接替换 PDF 文档中的文字。代码 6-12 是一个实现此功能的示例。

代码 6-12　PDF文档中的文字替换

```
import pdfrw
from pdfrw import PageMerge

def replace_text(input_pdf, output_pdf, old_text, new_text):
    """
    替换 PDF 文档中的文字

    参数:
    input_pdf -- 原始 PDF 文档的路径
    output_pdf -- 文字替换后的 PDF 文档的路径
    old_text -- 需要被替换的文字
    new_text -- 替换后的新文字
    """
    template_pdf = pdfrw.PdfReader(input_pdf)
    annotations = template_pdf.pages[0]['/Annots']
    for annotation in annotations:
        if annotation['/Subtype'] == '/FreeText':
            if annotation['/Contents'] == old_text:
                annotation.update(pdfrw.PdfDict(Contents=new_text))
    pdfrw.PdfWriter().write(output_pdf, template_pdf)

replace_text('example.pdf', 'replaced_example.pdf', 'Old Company', 'New
Company')
```

这段代码定义了一个函数 replace_text()，它接收 4 个参数：原始 PDF 文档的路径，文字替换后的 PDF 文档的路径，需要被替换的文字，以及替换后的新文字。它将原始 PDF 文档中的指定文字替换为新的文字，然后生成一个新的 PDF 文档。

　　请注意，这个函数只能替换 PDF 文档中的自由文本注释，不能替换文档的正文内容。要替换 PDF 文档的正文内容，需要使用更复杂的方法，例如，将 PDF 文档转换为其他格式（例如 Word 或 HTML），进行替换后转回 PDF。

　　这个实战案例展示了如何使用 Python 和 pdfrw 库进行 PDF 文档文字的替换。尽管此方法有一定的限制，但在某些情况下，例如替换文档中的注释或水印等，它还是非常有用的。

6.10　实战案例 7：PDF 文档内容翻译

在全球化的今天，PDF 文档的翻译变得越来越常见。然而，PyPDF2 库不能直接对 PDF 文档进行翻译，而是需要先提取出文档的文本内容，然后进行翻译，最后再将翻译后的文本保存为新的 PDF 文档。

　　具体步骤如下：首先，使用 PyPDF2 库提取 PDF 文档的文本内容；接着，使用 googletrans 库将文本内容翻译为目标语言；最后，用 reportlab 库将翻译后的文本保存为新的 PDF 文档。代码 6-13 是一个实现此功能的示例。

代码 6-13　PDF文档的内容翻译

```python
from PyPDF2 import PdfFileReader
from googletrans import Translator
from reportlab.pdfgen import canvas

def translate_pdf(input_pdf, output_pdf, dest_lang='zh-CN'):
    """
    翻译 PDF 文档

    参数：
    input_pdf -- 原始 PDF 文档的路径
    output_pdf -- 翻译后的 PDF 文档的路径
    dest_lang -- 目标语言代码，默认为中文
    """
    pdf_reader = PdfFileReader(input_pdf)
    text = ''
    for page_number in range(pdf_reader.getNumPages()):
        text += pdf_reader.getPage(page_number).extractText()

    translator = Translator()
    translation = translator.translate(text, dest=dest_lang)

    c = canvas.Canvas(output_pdf)
    c.drawString(100, 750, translation.text)
    c.save()

translate_pdf('example.pdf', 'translated_example.pdf')
```

这段代码定义了一个函数 translate_pdf()，它接收 3 个参数：原始 PDF 文档的路径，翻译后的 PDF 文档的路径，以及目标语言代码。这个函数将原始 PDF 文档的文本内容翻译为目标语言，然后生成一个新的 PDF 文档。

这个实战案例展示了如何使用 Python 和相关库进行 PDF 文档的翻译。这是一种实用的技能，能帮助我们更好地理解和使用其他语言的文档。

6.11　实战案例 8：将 PDF 文档转换为图片格式

在某些情况下，我们可能需要将 PDF 文档转换为图片格式。例如，将 PDF 文档的某一页转换为图片，以便在网站上展示。或者将整个 PDF 文档转换为图片序列，以便进行进一步的处理。对这种需求，Python 的 pdf2image 库提供了一个简单而强大的解决方案。

pdf2image 库能够将 PDF 文档转换为多种图片格式，包括 PNG、JPEG 等。转换过程非常简单，只需要调用 convert_from_path()函数，传入 PDF 文档的路径，就可以得到一个由 PIL Image 对象组成的列表，每个 Image 对象对应 PDF 文档的一个页面。

代码 6-14 是一个使用 pdf2image 库将 PDF 文档转换为图片的示例。

代码6-14　将PDF文档转换为图片格式

```python
from pdf2image import convert_from_path

def pdf_to_images(pdf_path):
    """
    将 PDF 文档转换为图片

    参数：
    pdf_path -- PDF 文档的路径

    返回：
    一个 PIL Image 对象的列表，每个对象对应文档的一页
    """
    return convert_from_path(pdf_path)

# 使用 pdf_to_images()函数将 example.pdf 文档转换为图片
images = pdf_to_images('example.pdf')
for i, image in enumerate(images):
    image.save('output_page_{}.png'.format(i+1), 'PNG')
```

上述代码定义了一个函数 pdf_to_images()，它接收一个参数，即 PDF 文档的路径。这个函数将 PDF 文档转换为一系列的图片，并将这些图片以 PIL Image 对象的形式返回。然后，遍历返回的 Image 对象列表，将每个 Image 对象保存为 PNG 格式的图片文件。

这个实战案例展示学会了如何使用 Python 和 pdf2image 库将 PDF 文档转换为图片。这是一种实用的技能，可以帮助我们更方便地展示和处理 PDF 文档。

6.12　实战案例 9：将 PDF 文档转换为 Word 文档

尽管 PDF 文档在很多场合中都是首选的文件格式，但在某些情况下，可能需要将 PDF 文档转换为 Word 文档。例如，想要编辑 PDF 文档的内容，但是 PDF 文档通常是不可编辑的，这时，便需要将其转换为 Word 文档。对这种需求，Python 的 pdf2docx 库提供了一个强大的解决方案。

pdf2docx 库可以将 PDF 文档转换为.docx 格式的 Word 文档。转换过程非常简单，只需要调用 Converter 类，传入 PDF 文档的路径，然后调用 convert 方法，指定输出的 Word 文档的路径即可。

代码 6-15 是一个使用 pdf2docx 库将 PDF 文档转换为 Word 文档的示例。

代码 6-15　将PDF文档转换为Word文档

```python
from pdf2docx import Converter

def pdf_to_word(pdf_path, word_path):
    """
    将 PDF 文档转换为 Word 文档

    参数：
    pdf_path -- PDF 文档的路径
    word_path -- Word 文档的路径
    """
    cv = Converter(pdf_path)
    cv.convert(word_path, start=0, end=None)
    cv.close()

# 使用 pdf_to_word()函数将 example.pdf 文档转换为 Word 文档
pdf_to_word('example.pdf', 'example.docx')
```

上述代码定义了一个函数 pdf_to_word()，它接收两个参数，即 PDF 文档的路径和 Word 文档的路径。这个函数将 PDF 文档转换为 Word 文档。其中，convert 方法的 start 和 end 参数可以用来指定转换的页码范围，如果不指定，则默认转换整个文档。

这个实战案例展示了如何使用 Python 和 pdf2docx 库将 PDF 文档转换为 Word 文档。这是一种实用的技能，在编辑 PDF 文档内容时，轻松实现文档格式的转换。

6.13　实战案例 10：给 PDF 文档添加书签

在阅读长篇幅的 PDF 文档时，为关键的章节或内容添加书签可以方便后续快速找到关键内容。Python 的 PyPDF2 库提供了创建书签的功能。

代码 6-16 是一个使用 PyPDF2 库在 PDF 文档中添加书签的示例。

代码 6-16　给PDF文档添加书签

```python
from PyPDF2 import PdfFileWriter, PdfFileReader

def add_bookmark_to_pdf(pdf_path, bookmark_title, page_number):
    """
    给 PDF 文档添加书签

    参数:
    pdf_path -- PDF 文档的路径
    bookmark_title -- 书签标题
    page_number -- 书签指向的页码（0 为第一页）
    """
    reader = PdfFileReader(pdf_path)
    writer = PdfFileWriter()

    for page in range(reader.getNumPages()):
        writer.addPage(reader.getPage(page))

    writer.addBookmark(bookmark_title, page_number)

    with open('output.pdf', 'wb') as output_pdf:
        writer.write(output_pdf)

# 使用 add_bookmark_to_pdf()函数在 example.pdf 文档的第一页中添加一个标题为
# Chapter 1 的书签
add_bookmark_to_pdf('example.pdf', 'Chapter 1', 0)
```

上述代码定义了一个函数 add_bookmark_to_pdf()，它接收 3 个参数，即 PDF 文档的路径，书签标题，以及书签指向的页码。这个函数首先读取 PDF 文档，然后将所有页面添加到新的 PdfFileWriter 对象中，最后在指定页码位置添加书签。书签创建完成后，将 PDF 文档保存为一个新的文件。

书签可以提供一种方便的方式以快速访问文档中的特定部分，这对长篇幅的 PDF 文档特别有用。虽然大多数 PDF 阅读器都提供了手动添加书签的功能，但是对大量需要处理的文档或需要在特定位置添加标记的批量处理场景，自动化添加书签可以节省大量时间。

6.14　实战案例 11：给 PDF 文档添加页码

在处理长篇幅的 PDF 文档时，为每一页添加页码可以方便对文档进行翻阅和引用。为了在 PDF 文档中添加页码，可以使用 PyPDF2 和 reportlab 库来实现。

代码 6-17 是一个实现上述功能的示例。

代码 6-17　给PDF文档添加页码

```python
from PyPDF2 import PdfFileWriter, PdfFileReader
from reportlab.pdfgen import canvas
from reportlab.lib.pagesizes import letter
import io
```

```
def add_page_number(pdf_path, output_path):
    """
    给 PDF 文档添加页码

    参数：
    pdf_path -- PDF 文档的路径
    output_path -- 带页码的输出 PDF 文档的路径
    """
    reader = PdfFileReader(pdf_path)
    writer = PdfFileWriter()

    for page_num in range(reader.getNumPages()):
        page = reader.getPage(page_num)
        packet = io.BytesIO()
        can = canvas.Canvas(packet, pagesize=letter)
        can.drawString(10, 10, str(page_num+1))
        can.save()
        packet.seek(0)
        new_pdf = PdfFileReader(packet)
        page.mergePage(new_pdf.getPage(0))
        writer.addPage(page)

    with open(output_path, 'wb') as output_pdf:
        writer.write(output_pdf)

# 使用 add_page_number() 函数给 example.pdf 文档添加页码
add_page_number('example.pdf', 'example_with_page_numbers.pdf')
```

上述代码定义了一个函数 add_page_number()，它接收两个参数，即 PDF 文档的路径和带页码的输出 PDF 文档的路径。这个函数首先读取 PDF 文档，然后使用 reportlab 库在每一页底部添加页码，并将带有页码的页面添加到新的 PdfFileWriter 对象中。最后，将添加了页码的 PDF 文档保存为一个新的文件。

页码可以帮助用户更快地定位和引用 PDF 文档的内容，对处理长篇幅的 PDF 文档非常有用。通过编程方式添加页码，可以灵活地控制页码的样式和位置，同时也适合批量处理大量的 PDF 文档。

6.15　实战案例 12：从 PDF 文档中提取表格数据

PDF 文档中经常会有一些表格数据，这些数据对于我们进行数据分析和研究来说非常重要。使用 Python 的 Tabula 库可以从 PDF 文档中提取表格数据。

代码 6-18 是一个使用 Tabula 库从 PDF 文档中提取表格数据的示例。

代码 6-18　从 PDF 文档中提取表格数据

```
import tabula

def extract_table_from_pdf(pdf_path):
    """
    从 PDF 文档中提取表格数据

    参数：
```

```
    pdf_path -- PDF 文档的路径
    """
    tables = tabula.read_pdf(pdf_path, pages='all', multiple_tables=True)
    for i, table in enumerate(tables):
        table.to_csv(f'table_{i+1}.csv', index=False)

# 使用 extract_table_from_pdf()函数从 example.pdf 文档中提取表格数据
extract_table_from_pdf('example.pdf')
```

上述代码定义了一个函数 extract_table_from_pdf()，它接收一个参数，即 PDF 文档的路径。这个函数使用 Tabula 库从 PDF 文档中读取表格数据，并将每一个表格保存为 CSV 文件。打开这些 CSV 文件，可以查看和进一步处理表格数据。

通过编程方式提取表格数据，可以将表格数据保存为 CSV 文件，便于后续的数据分析和处理。同时，这种方法也适合处理含有大量表格数据的 PDF 文档。

6.16　小　　结

在本章中，我们深入了解了如何利用 Python 来自动化处理 PDF 文件。掌握了 PyPDF2 库的基本操作和功能；学习了如何用 Python 合并与拆分 PDF 文档，提取 PDF 文档的内容，处理 PDF 文档的水印，旋转 PDF 文档的页面，加密与解密 PDF 文档，替换 PDF 文档中的文字，将 PDF 文档内容翻译成其他语言，将 PDF 文档转换为图片和 Word 文档，以及在 PDF 文档中添加书签和页码。

此外，我们还学习了如何从 PDF 文档中提取表格数据，如何识别和转换 PDF 文档中的表格。无论是对单个文件的处理，还是对大量文件的批量处理，这些能力都能大大提高我们处理这些 PDF 文件的效率。

第 7 章　Web 操作自动化

在人们的日常生活和工作中，Web 应用的重要性不言而喻，然而，烦琐的 Web 操作往往会消耗人们大量的时间和精力。那么，是否有一种方式能够让计算机替人们处理这些重复、乏味的任务呢？答案是有，即 Web 操作自动化。有了 Python 及其一些强大的库，如 Selenium，不仅可以模拟人自动进行浏览器操作，如自动填写表单、搜索，甚至购物，而且还可以进行 Web 数据挖掘、自动化测试等。

本章包括多个实战案例，通过对本章的学习，读者将掌握以下关键技能：

❑ 使用 Selenium 库进行基本的 Web 操作。

❑ 模拟浏览器操作，包括鼠标操作和自动化搜索等。

❑ 自动化测试与自动化抓取，理解并能使用自动化技术进行数据收集。

❑ 利用 Python 进行 Web 数据挖掘，以获取和处理网页上的信息。

❑ 自动填写和提交 Web 表单。

❑ 使用 Python 和 Selenium 库进行网页截图。

❑ 设计并实现自动化登录，自动化刷票和自动化购物等复杂的 Web 操作。

早年，Web 自动化是一种高级技能，只有一些专业的开发者和测试者掌握了这些技能。如今，凭借 Python 和 Selenium，任何有点编程基础的人都能掌握 Web 操作的自动化。无论读者是一名办公室职员，还是一位数据科学家，或者是一个 Python 爱好者，都会在本章中收获满满。

7.1　Web 操作自动化概述

Web 操作自动化，顾名思义就是通过使用程序或脚本来自动完成 Web 浏览器的操作和任务。例如，如果需要每天检测某个网站的更新，并在检测到新内容时发出通知，就可以编写一个自动化脚本来完成这个任务。

Python 是进行 Web 操作自动化的理想工具，因为它有许多用于网页抓取、解析和自动化测试的库。其中，Selenium 库是 Python 中使用最广泛的 Web 自动化库，它不仅支持各种主流的浏览器，还提供了许多实用的 API 用于模拟用户的浏览器操作。

7.2　Selenium 库简介

Selenium 是一个强大的自动化测试工具，主要用于 Web 应用程序，其标志如图 7.1 所示。它提供了一种友好的 API 来操作浏览器，可以模拟用户单击、滚动、输入等行为。另外，Selenium 还支持各种主流的浏览器，包括 Chrome、Firefox、Safari 等。

图 7.1　Selenium 标志

代码 7-1 是一个简单使用 Selenium 进行搜索操作的示例。

代码 7-1　使用Selenium进行搜索操作

```python
# 示例代码：使用 Selenium 进行搜索操作
from selenium import webdriver
from selenium.webdriver.common.keys import Keys

driver = webdriver.Firefox()
driver.get("http://www.python.org")

# 找到搜索框
search_box = driver.find_element_by_name("q")

# 输入关键词
search_box.send_keys("Python")

# 提交搜索
search_box.send_keys(Keys.RETURN)

# 等待页面加载完毕
driver.implicitly_wait(10)

# 打印页面标题
print(driver.title)

driver.quit()
```

接下来的几节将介绍更多关于 Selenium 的操作，包括模拟鼠标操作、自动填写和提交表单等。

7.3　Selenium 库的基本操作

要想有效地使用 Selenium 库，首先需要了解它的基本操作。本节介绍如何安装 Selenium 库、打开网页，以及进行简单的浏览器操作。

首先安装 Selenium 库。可以使用 pip 这个 Python 包管理器来进行安装，如代码 7-2 所示。

代码 7-2　安装Selenium库

```
pip install selenium
```

然后下载对应浏览器的驱动程序，例如，对于 Firefox 浏览器，需要下载 geckodriver。根据自己的浏览器和操作系统下载对应的驱动程序，并将其放到 Python 的 PATH 中。

接下来编写 Selenium 脚本，如代码 7-3 所示。

代码 7-3　Selenium脚本

```python
# 示例代码：打开网页并打印标题
from selenium import webdriver

# 创建一个Firefox浏览器实例
driver = webdriver.Firefox()

# 打开一个网页
driver.get('https://www.google.com')

# 打印页面的标题
print(driver.title)

# 关闭浏览器
driver.quit()
```

上述示例首先导入 webdriver 模块，并创建一个 Firefox 浏览器实例。然后使用 get 方法打开一个网页，并打印出这个网页的标题。最后使用 quit 方法关闭浏览器。

以上是 Selenium 的基本操作。下面的几节将通过一系列实战案例介绍如何使用 Selenium 进行更复杂的操作，如模拟单击、输入文字，以及其他浏览器操作等。

7.4　实战案例 1：模拟浏览器操作

在 Web 自动化中，模拟浏览器操作是一个常见且关键的步骤，因为它可以帮助用户模拟真实的用户行为，比如单击按钮、输入文本、滑动页面等。Selenium 库为这些浏览器操作提供了相应的方法，使得用户可以灵活地控制浏览器，实现各种复杂的操作。

本节将学习如何使用 Selenium 模拟用户在浏览器中进行搜索操作，如代码 7-4 所示。

代码 7-4　模拟浏览器操作

```python
from selenium import webdriver
from selenium.webdriver.common.keys import Keys

def simulate_search(browser, url, search_term):
    """
    在指定的浏览器和网页中模拟搜索操作

    参数:
    browser -- 浏览器驱动程序的名称，例如"firefox"或"chrome"
    url -- 网页的 URL
    search_term -- 搜索的关键词
    """
    # 创建浏览器实例
    if browser.lower() == "firefox":
        driver = webdriver.Firefox()
    elif browser.lower() == "chrome":
        driver = webdriver.Chrome()
    else:
        raise ValueError("Unsupported browser: " + browser)

    try:
        # 打开网页
        driver.get(url)

        # 找到搜索框并输入关键词
        search_box = driver.find_element_by_name("q")
        search_box.send_keys(search_term)

        # 提交搜索
        search_box.send_keys(Keys.RETURN)

        # 等待页面加载完毕
        driver.implicitly_wait(10)

        # 打印页面标题
        print(driver.title)
    finally:
        # 关闭浏览器
        driver.quit()

# 使用 simulate_search()函数，模拟在 Firefox 浏览器的 Google 首页进行 Python
# 搜索
simulate_search("firefox", "https://www.google.com", "Python")
```

上述代码中定义了一个函数 simulate_search()，该函数接收 3 个参数：浏览器驱动程序的名称，网页的 URL，以及搜索的关键词。该函数首先创建浏览器实例，然后打开指定的网页，接着找到搜索框并输入关键词，最后提交搜索。在页面加载完毕后，打印出页面的标题，然后关闭浏览器。

这个实战案例展示了如何使用 Selenium 模拟浏览器操作，这对理解 Web 自动化的工作原理非常有帮助。当然，真实世界的 Web 自动化任务可能会更复杂，但基本的思路和方法都是类似的。

7.5　实战案例 2：自动化测试与自动化抓取

Web 自动化的另一重要应用场景是自动化测试和数据抓取。自动化测试可以快速地测试网页的功能是否正常，而自动化抓取则可以获取网页上的数据。

本节将首先通过一个简单的登录测试案例来学习如何进行自动化测试，然后通过一个简单的数据抓取案例来学习如何进行自动化抓取，如代码 7-5 所示。

代码 7-5　自动化测试与自动化抓取

```python
from selenium import webdriver
from selenium.webdriver.common.by import By

# 创建浏览器实例
driver = webdriver.Firefox()

try:
    # 打开网页
    driver.get('https://www.example.com/login')

    # 找到用户名和密码输入框，并输入测试账号
    username_input = driver.find_element(By.NAME, 'username')
    password_input = driver.find_element(By.NAME, 'password')
    username_input.send_keys('testuser')
    password_input.send_keys('testpassword')

    # 找到并单击登录按钮
    login_button = driver.find_element(By.NAME, 'login')
    login_button.click()

    # 等待页面加载并检查是否登录成功
    driver.implicitly_wait(10)
    assert 'Welcome, testuser!' in driver.page_source

    # 找到并打印所有新闻标题
    news_titles = driver.find_elements(By.CLASS_NAME, 'news-title')
    for title in news_titles:
        print(title.text)

finally:
    # 关闭浏览器
    driver.quit()
```

在上述代码中，首先打开一个登录页面，找到用户名和密码输入框并输入一个测试账号。接着，找到并单击登录按钮，然后等待页面加载，并检查页面中是否存在欢迎消息，以此来判断登录是否成功。最后，找到并打印所有新闻标题，完成数据抓取。

这个实战案例展示了如何利用 Selenium 进行自动化测试和数据抓取，这对 Web 自动化非常关键。在实际工作中，可能需要根据具体的需求和网页结构来调整代码，但是基本的思路和方法都是类似的。

7.6　实战案例 3：Web 数据挖掘

Web 数据挖掘是 Web 自动化的一个重要应用，也是许多数据科学项目的初级步骤。借助 Selenium，可以模拟人类用户的浏览行为，如滚动页面、单击按钮等，从而有效地抓取动态加载的网页数据。

这个实战案例将演示如何使用 Selenium 进行 Web 数据挖掘，获取一个包含多页数据的网页的所有数据。在这个示例中，假设数据在一个表格中，每页有 10 行数据，需要单击"下一页"按钮来获取所有数据，如代码 7-6 所示。

代码 7-6　Web数据挖掘

```python
from selenium import webdriver
from selenium.webdriver.common.by import By
from selenium.webdriver.support.ui import WebDriverWait
from selenium.webdriver.support import expected_conditions as EC
import time

# 创建浏览器实例
driver = webdriver.Firefox()

# 储存数据的列表
data_list = []

try:
    # 打开网页
    driver.get('https://www.example.com/data')

    while True:
        # 等待表格数据加载
        WebDriverWait(driver, 10).until(EC.presence_of_element_located
((By.ID, 'data-table')))

        # 获取表格中的所有行
        rows = driver.find_elements(By.CSS_SELECTOR, '#data-table tr')

        # 获取每行的数据
        for row in rows:
            data = [cell.text for cell in row.find_elements(By.TAG_NAME,
'td')]
            data_list.append(data)

        # 查找并单击"下一页"按钮
        next_button = driver.find_element(By.ID, 'next-button')
        if not next_button.is_enabled():
            break
        next_button.click()

        # 等待页面加载
        time.sleep(2)
```

```
finally:
    # 关闭浏览器
    driver.quit()

# 打印抓取的数据
for data in data_list:
print(data)
```

这段代码首先打开一个数据网页，然后进入一个循环，在这个循环中等待表格数据加载，然后获取表格中的所有行，并从每行中获取数据，将数据添加到数据列表中。然后，查找并单击"下一页"按钮，如果"下一页"按钮不可单击（表示已经到达最后一页），则跳出循环。最后，关闭浏览器并打印出抓取的所有数据。

7.7　实战案例 4：自动填写 Web 表单

在 Web 自动化中，填写并提交 Web 表单是一项常见的任务。这包括但不限于登录表单、注册表单、搜索表单等。借助 Selenium，可以轻松地实现这一任务。

本节将演示如何使用 Selenium 自动填写并提交一个联系我们的表单，如代码 7-7 所示。

代码 7-7　自动填写Web表单

```
from selenium import webdriver
from selenium.webdriver.common.by import By

# 创建浏览器实例
driver = webdriver.Firefox()

try:
    # 打开网页
    driver.get('https://www.example.com/contact')

    # 找到姓名、电子邮件、主题和消息输入框，并输入数据
    name_input = driver.find_element(By.NAME, 'name')
    email_input = driver.find_element(By.NAME, 'email')
    subject_input = driver.find_element(By.NAME, 'subject')
    message_input = driver.find_element(By.NAME, 'message')

    name_input.send_keys('John Doe')
    email_input.send_keys('johndoe@example.com')
    subject_input.send_keys('Greetings')
    message_input.send_keys('Hello, this is a test message.')

    # 找到并单击提交按钮
    submit_button = driver.find_element(By.NAME, 'submit')
    submit_button.click()

    # 等待页面反馈消息
    driver.implicitly_wait(10)
```

```
        print(driver.page_source)
finally:
    # 关闭浏览器
    driver.quit()
```

在这段代码首先打开联系我们的表单页面，然后找到姓名、电子邮件、主题和消息
输入框，并向其中输入相应的数据。接着，找到并单击提交按钮，最后等待页面加载并
打印出页面的源代码。这样就可以看到页面的反馈消息。

这个实战案例展示了如何使用 Selenium 进行 Web 表单的自动填写与提交。虽然每
个表单的具体字段可能会有所不同，但基本的方法和流程都是相似的，用户可以根据实
际需要来修改这段代码。

注意：上述代码使用了"https://www.example.com/contact"作为示例网站。实际上，
这个链接并不存在，这是一个在文档和其他上下文中用作插入符号的域名，这
样可以避免引用一个真实的网站。在实际应用中，这个链接需要替换为用户需
要自动填写表单的网站的实际链接。并且，根据网页的实际内容和布局，可能
需要更改代码中元素的定位方式或填写的数据。需要注意的是，一定要确保在
不违反网站使用条款、不侵犯他人权益的前提下使用这些技术，尊重他人的知
识产权和隐私权。

7.8   实战案例 5：网页截图

在很多情况下，可能需要截取网页的屏幕快照。例如，想要保存网页的当前状态作
为记录，或者要分享网页的某个部分的视觉效果。Selenium 提供了一种简单有效的方法
来捕获网页的屏幕快照。

本节将使用 Selenium 来获取并保存一个网页的全屏截图如代码 7-8 所示。

代码 7-8   网页截图

```
from selenium import webdriver

# 创建一个新的浏览器会话
driver = webdriver.Firefox()

try:
    # 导航到目标网页
    driver.get('https://www.example.com')

    # 捕获并保存网页截图
    driver.save_screenshot('screenshot.png')
finally:
    # 关闭浏览器会话
    driver.quit()
```

上述代码首先使用 driver 对象的 get 方法导航到目标网页。然后，通过调用 driver
对象的 save_screenshot 方法，将当前浏览器视图保存为一个.png 图像文件。

这个实战案例演示了如何使用 Selenium 进行网页截图，这是一种广泛应用于 Web 自动化测试、可视化分析和故障排查等场景的重要技巧。这个案例突显了 Selenium 的强大和灵活性，使得我们可以在 Python 中以简洁而直接的方式进行 Web 自动化操作。学会了使用 Selenium 捕获网页截图，我们才能针对具体的需求进行扩展和应用，例如，对截图进行进一步的图像处理和分析，或者定期对某个网页进行截图并保存，以监控网页的变化。

7.9　实战案例 6：模拟鼠标操作

在 Web 自动化中，模拟鼠标操作是常见的需求，例如单击按钮、右键快捷菜单、拖曳元素等。Selenium 为此提供了一个功能强大的工具——ActionChains。通过 ActionChains，我们可以在 Python 脚本中模拟复杂的鼠标操作。本实战案例将展示如何使用 ActionChains 进行鼠标的单击和拖动操作。

代码 7-9 是一个模拟鼠标操作的示例。

代码 7-9　模拟鼠标操作

```python
from selenium import webdriver
from selenium.webdriver import ActionChains

# 创建一个新的浏览器会话
driver = webdriver.Firefox()

try:
    # 导航到目标网页
    driver.get('https://www.example.com')

    # 找到目标元素
    element = driver.find_element_by_id('target-id')

    # 创建一个 ActionChains 实例
    actions = ActionChains(driver)

    # 在目标元素上右击
    actions.context_click(element).perform()

    # 找到拖动目标元素
    drag_target = driver.find_element_by_id('drag-target-id')

    # 拖动目标元素到指定位置
    actions.drag_and_drop_by_offset(drag_target, 100, 200).perform()
finally:
    # 关闭浏览器会话
    driver.quit()
```

这段代码首先导航到目标网页，查找到需要操作的目标元素。然后使用 ActionChains 实例模拟在目标元素上的右击操作，以及拖动元素到指定位置的操作。

这个实战案例展示了如何使用 Selenium 的 ActionChains 来模拟鼠标操作。通过使用

ActionChains，用户可以在 Python 脚本中模拟各种复杂的鼠标行为，从而实现更丰富和更接近真实用户操作的 Web 自动化任务。无论是自动化测试，还是自动化网页操作，ActionChains 都是一个十分有用的工具。

7.10　实战案例 7：自动登录

在许多 Web 自动化任务中，登录操作是必不可少的一步，这便涉及输入用户名、密码并单击登录按钮等步骤。Selenium 的 webdriver API 提供了对这些基本操作的良好支持。本节将创建一个 Python 脚本，通过 Selenium 实现对特定网站的自动化登录操作，如代码 7-10 所示。

代码 7-10　自动登录

```
from selenium import webdriver

# 创建一个新的浏览器会话
driver = webdriver.Firefox()

try:
    # 导航到登录页面
    driver.get('https://www.example.com/login')

    # 定位用户名和密码输入框
    username_input = driver.find_element_by_name('username')
    password_input = driver.find_element_by_name('password')

    # 输入用户名和密码
    username_input.send_keys('my_username')
    password_input.send_keys('my_password')

    # 定位登录按钮并单击
    login_button = driver.find_element_by_id('login-button')
    login_button.click()
finally:
    # 关闭浏览器会话
    driver.quit()
```

这段代码首先导航到目标网页的登录页面，然后找到用户名和密码输入框，并向其中发送（输入）用户名和密码。最后，找到登录按钮并进行单击，完成登录操作。

这个实战案例展示了如何使用 Selenium 实现网页的自动化登录。通过模拟用户输入和单击行为，我们可以轻松地对任何网站进行自动化登录，完成需要用户登录权限的自动化任务。这个案例再次体现了 Selenium 的强大和灵活性，使我们能够在 Python 中以简洁而直接的方式实现 Web 自动化。

🔔注意：上述示例使用了"https://www.example.com/login"作为登录页面的 URL，并使用"my_username"和"my_password"作为用户名和密码。这些只是示例值，实际使用时，需要将这些值替换为具体的目标网页 URL 以及相应的用户名和密码。请确保在进行自动化登录操作时，遵守了相关网站的服务条款和隐私政策，并且尽量避免在非必要情况下对网站的正常运行产生影响。

7.11　实战案例 8：自动搜索

在 Web 自动化的诸多应用场景中，自动搜索是一种常见且实用的需求。例如，定期在特定网站上搜索某个关键词，然后分析搜索结果。Selenium 为实现自动搜索提供了便利。本节将展示如何使用 Selenium 来实现对特定网站的自动搜索，如代码 7-11 所示。

代码 7-11　自动搜索

```python
from selenium import webdriver

# 创建一个新的浏览器会话
driver = webdriver.Firefox()

try:
    # 导航到目标网页
    driver.get('https://www.example.com')

    # 定位搜索框
    search_box = driver.find_element_by_name('q')

    # 输入搜索词并提交
    search_box.send_keys('Python')
    search_box.submit()
finally:
    # 关闭浏览器会话
    driver.quit()
```

这段代码首先导航到目标网页，然后找到搜索框，并向其中输入搜索词。最后，提交了搜索请求，完成搜索操作。

这个实战案例展示了如何使用 Selenium 实现自动搜索。通过模拟用户输入和单击行为，我们可以轻松地对任何网站进行自动搜索。这对需要定期收集某些关键词搜索结果的场景非常有用。这个案例进一步体现了 Selenium 的强大和灵活性，使我们能够在 Python 中以简洁而直接的方式实现 Web 自动化。理解并掌握如何使用 Selenium 进行自动搜索，将为我们在 Web 自动化领域拓展更多的可能性。

7.12　实战案例 9：自动刷票

网络投票是网络活动中常见的一种形式，如网站投票、在线问卷等。自动刷票是指使用自动化工具或脚本，模拟真实用户进行投票的行为。本节将演示如何使用 Selenium 来实现自动刷票。

首先，需要找到投票页面的 URL，然后定位到投票按钮，最后通过模拟单击行为实现投票，如代码 7-12 所示。

代码 7-12　自动刷票

```python
from selenium import webdriver
from time import sleep

# 创建一个新的浏览器会话
driver = webdriver.Firefox()

try:
    # 导航到目标投票页面
    driver.get('https://www.example.com/vote')

    # 定位到投票按钮
    vote_button = driver.find_element_by_id('vote')

    # 进行投票
    for i in range(10): # 这里仅示例投 10 次票，实际使用时，需根据具体情况调整
        vote_button.click()
        # 每次投票后，暂停 2 秒，模拟真实用户的行为，避免被网站检测为刷票行为
        sleep(2)
finally:
    # 关闭浏览器会话
    driver.quit()
```

上述代码通过使用 Selenium 来模拟投票的过程，实现了自动刷票。虽然此技术可以实现一些重复的、规律性的任务，但需要注意的是，恶意刷票会对网络投票的公平性造成影响，同时也会违反相关的法律法规，因此，在实际使用时应该谨慎对待。

🔔注意：虽然本节介绍了如何使用 Selenium 实现自动刷票，但这并不意味着任何形式的恶意刷票行为应该得到鼓励或支持。实际上，恶意刷票行为会对网络投票的公平性造成严重破坏，而且在许多地方，这种行为也违反法律法规。因此，在使用这些技术时，一定要遵守相关的法律法规，尊重网络公平性，并尽量避免对他人造成不必要的困扰和损害。

7.13　实战案例 10：自动购物

自动购物已经在电商行业中成为一种新趋势，无论是价格监控、库存检测，还是购物车管理，自动化工具都能提供极大的便利。本节将使用 Selenium 来模拟一个简单的自动购物流程：搜索商品，添加到购物车，然后进行结算。

首先需要导航到目标电商网站，在搜索框输入我们想要购买的商品名称，单击搜索按钮进行搜索。然后，找到目标商品，单击添加到购物车按钮。最后，我们需要导航到购物车页面，单击结算按钮进行结算，如代码 7-13 所示。

代码 7-13　自动购物

```python
from selenium import webdriver
from time import sleep

# 创建一个新的浏览器会话
driver = webdriver.Firefox()

try:
    # 导航到目标电商网站
    driver.get('https://www.example.com')

    # 在搜索框输入商品名称，单击搜索按钮
    search_box = driver.find_element_by_name('search')
    search_box.send_keys('Python 书籍')
    search_button = driver.find_element_by_name('submit')
    search_button.click()

    # 等待搜索结果页面加载完成
    sleep(2)

    # 找到目标商品，单击添加到购物车按钮
    add_to_cart_button = driver.find_element_by_id('add-to-cart')
    add_to_cart_button.click()

    # 导航到购物车页面，单击结算按钮
    driver.get('https://www.example.com/cart')
    checkout_button = driver.find_element_by_id('checkout')
    checkout_button.click()

    # 注意，这里只是一个模拟流程，实际的购物操作可能需要处理更多的细节，如登录、填写
    # 收货地址、选择支付方式等
finally:
    # 关闭浏览器会话
    driver.quit()
```

　　本节的实战案例模拟了一个简单的自动购物流程。虽然在真实场景下，自动购物可能需要处理更多的细节，如用户登录、地址和选择支付方式等，但这些操作的基本原理都是相同的。通过学习本节内容，我们可以掌握使用 Selenium 进行网页自动化操作的基本技巧，并可以根据自己的需求，编写更复杂的自动购物脚本。

7.14　小　　结

　　在本章中，我们学习了如何使用 Python 进行网页自动化操作。首先学习了 Selenium 库的基本操作和功能，了解了如何通过 Python 代码来操控 Web 浏览器进行各种操作。然后，学习了如何用 Python 自动化完成一系列常见的网页操作，包括批量下载文件、自动化测试与自动化抓取、Web 数据挖掘、自动化填写 Web 表单、网页截图、模拟鼠标操作、自动登录、自动搜索、自动刷票以及自动购物等。

通过这些实战案例，可以清晰地看到 Python 在 Web 自动化操作方面的巨大潜力。利用 Selenium 等工具，可以模拟用户在浏览器中进行的所有操作，从而在各种场景下提高工作效率。

🔔注意：为了说明和实践，本章使用了虚拟 URL 如 https://www.example.com/，而不是使用真实的网站，这是为了避免在实践中对真实网站造成不必要的访问或影响。在实际操作中，我们需要将其替换为真实的网址，同时遵守网站的使用政策和法律法规，合理、合法地进行网页自动化操作。

第 8 章　邮件操作自动化

随着信息技术的发展，邮件在工作和生活中的作用越来越大，它不仅是人们日常交流的工具，也是企业和组织进行内外部沟通的重要途径。然而，处理邮件的工作常常耗费大量的时间和精力，尤其是对于需要处理大量邮件的人来说更是如此。因此，邮件操作自动化就显得尤为重要，它可以帮助人们提高工作效率，节省时间，众而减轻工作压力。

本章包括多个实战案例，通过对本章的学习，读者将掌握以下的关键技能：

❏ 使用 Python 自动发送和回复邮件。

❏ 设置邮件过滤和分类，实现邮件的自动管理。

❏ 使用 Python 实现邮件的定时发送、加密和解密，以及自动翻译。

❏ 实现邮件内容的自动压缩和解压，以及签名和验证。

❏ 自动下载邮件附件，实现垃圾邮件的检测和处理。

❏ 实现邮件的自动分类和标记，以及自动排序和存档。

❏ 自动更新邮件订阅列表，并处理邮件中的敏感信息。

❏ 创建邮件内容的自动纠错系统。

无论是企业员工，还是独立开发者，或者是对 Python 邮件自动化感兴趣的学者，都能从本章中获得有用的知识和技能。

8.1　邮件操作自动化概述

电子邮件是人们日常生活和工作中不可或缺的通信方式，而对大量的电子邮件管理和处理，如果依赖手动操作，既费时又费力。幸运的是，Python 邮件操作自动化可以帮助人们解决这个问题。

Python 邮件操作自动化可以帮助人们高效处理大量的邮件任务，如发送邮件、接收邮件、自动回复邮件、邮件过滤等。所有这些操作都可以通过 Python 的内置库如 smtplib 和 email 来完成。接下来的几节将介绍如何使用这些库，并通过实战案例带领读者实践，从而掌握邮件操作自动化的关键技能。

8.2　smtplib 库简介

smtplib 是 Python 内置的一个 SMTP（Simple Mail Transfer Protocol，简单邮件传输协议）客户端，用于发送电子邮件，其标志如图 8.1 所示。smtplib 定义了操作 SMTP 的类，以及与邮件服务器的交互。

图 8.1　smtplib 标志

代码 8-1 是一个简单的示例，展示如何使用 smtplib 发送一封电子邮件。

代码 8-1　使用smtplib发送一封电子邮件

```python
import smtplib
from email.mime.text import MIMEText

# SMTP 服务器地址
smtp_server = 'smtp.example.com'

# 发件人地址
from_addr = 'sender@example.com'

# 收件人地址
to_addr = 'receiver@example.com'

# 创建一个 MIMEText 对象
msg = MIMEText('Hello, this is a test email sent by Python.', 'plain',
'utf-8')
msg['From'] = from_addr
msg['To'] = to_addr
msg['Subject'] = 'Hello'

# 创建一个 SMTP 对象，并连接服务器
server = smtplib.SMTP(smtp_server, 25)
# 登录服务器
server.login(from_addr, 'password')
# 发送邮件
server.sendmail(from_addr, [to_addr], msg.as_string())
# 断开服务器连接
server.quit()
```

上述代码示例首先创建了一个 smtplib.SMTP 对象，并连接到 SMTP 服务器。然后调用 login 方法登录服务器，并调用 sendmail 方法发送邮件。最后调用 quit 方法断开服务器的连接。

8.3　smtplib 库的基本操作

在进行实战之前需要先了解 smtplib 库的一些基本操作，包括创建 SMTP 对象、连接和登录到 SMTP 服务器、发送邮件及断开服务器连接等。

8.3.1　创建 SMTP 对象

使用 smtplib 库创建一个 SMTP 对象。创建 SMTP 对象非常简单，只需要实例化 smtplib.SMTP 类即可，如代码 8-2 所示。

代码 8-2　创建SMTP对象

```
import smtplib

# 创建一个 SMTP 对象
server = smtplib.SMTP()
```

这段代码创建了一个 smtplib.SMTP 对象，并将其赋值给了变量 server。这个 server 对象就是操作邮件服务器的接口。

8.3.2　连接和登录到 SMTP 服务器

在创建 SMTP 对象之后，便可以使用它来连接和登录 SMTP 服务器了，如代码 8-3 所示。

代码 8-3　登录SMTP服务器

```
import smtplib

# 创建一个 SMTP 对象
server = smtplib.SMTP()

# 连接到 SMTP 服务器
server.connect('smtp.example.com', 25)

# 登录到 SMTP 服务器
server.login('sender@example.com', 'password')
```

这段代码首先调用 server 对象的 connect 方法连接 SMTP 服务器，然后调用 login 方法登录服务器。

8.3.3　发送邮件

登录 SMTP 服务器之后就可以发送邮件了，如代码 8-4 所示。

代码 8-4　发送邮件

```
from email.mime.text import MIMEText

# 创建一个 MIMEText 对象
msg = MIMEText('Hello, this is a test email sent by Python.', 'plain',
'utf-8')
msg['From'] = 'sender@example.com'
msg['To'] = 'receiver@example.com'
msg['Subject'] = 'Hello'

# 发送邮件
server.sendmail('sender@example.com', ['receiver@example.com'], msg.as_string())
```

这段代码首先创建一个 MIMEText 对象，并设置邮件的发件人、收件人和主题，然后调用 server 对象的 sendmail 方法发送邮件。

8.3.4　断开服务器连接

发送完邮件之后，需要断开邮箱和 SMTP 服务器的连接，如代码 8-5 所示。

代码 8-5　断开服务器连接

```
# 断开服务器连接
server.quit()
```

以上是 smtplib 库的基本操作，掌握了这些操作，已经可以实现发送一封简单的邮件操作。接下来的几节将介绍如何使用 smtplib 库进行更复杂的操作，如发送带有附件的邮件，以及如何接收和解析邮件等。

8.4　实战案例 1：自动发送邮件

Python 的 smtplib 和 email 库提供了强大的工具，可以轻松地实现邮件的自动化处理。这个实战案例将展示如何利用这两个库来自动发送邮件。

下面将创建一个 Python 脚本，自动将特定的信息以邮件的形式发送给一组收件人。为了使邮件更具吸引力，还要添加邮件的主题、正文及附加文件。

代码 8-6 是自动发送邮件的示例。

代码 8-6　自动发送邮件

```
import smtplib
from email.mime.multipart import MIMEMultipart
```

```python
from email.mime.text import MIMEText
from email.mime.base import MIMEBase
from email import encoders

def send_email(subject, body, to, filename):
    """
    自动发送邮件

    参数：
    subject -- 邮件主题
    body -- 邮件正文
    to -- 收件人列表
    filename -- 附件文件名
    """
    # 创建一个 MIMEMultipart 对象
    msg = MIMEMultipart()

    # 设置邮件信息
    msg['From'] = 'sender@example.com'
    msg['To'] = ', '.join(to)
    msg['Subject'] = subject

    # 添加邮件正文
    msg.attach(MIMEText(body, 'plain'))

    # 打开文件
    with open(filename, 'rb') as f:
        # 创建一个 MIMEBase 对象
        mime = MIMEBase('application', 'octet-stream')
        # 设置 MIMEBase 对象的数据
        mime.set_payload(f.read())

    # 对 MIMEBase 对象的数据进行 base64 编码
    encoders.encode_base64(mime)

    # 添加 MIMEBase 对象的头信息
    mime.add_header('Content-Disposition', 'attachment; filename="%s"' %
filename)

    # 添加 MIMEBase 对象到邮件中
    msg.attach(mime)

    # 创建一个 SMTP 对象
    server = smtplib.SMTP('smtp.example.com', 25)
    # 登录 SMTP 服务器
    server.login('sender@example.com', 'password')
    # 发送邮件
    server.sendmail('sender@example.com', to, msg.as_string())
    # 断开 SMTP 服务器连接
    server.quit()

# 使用 send_email() 函数发送邮件给指定的收件人
send_email('Hello', 'This is a test email sent by Python.',
['receiver1@example.com', 'receiver2@example.com'], 'example.docx')
```

这段代码首先创建了一个 MIMEMultipart 对象，然后设置邮件的发件人、收件人和主题。接着，又创建一个 MIMEText 对象作为邮件正文，并将它添加到邮件中。之后，打开了一个文件，创建一个 MIMEBase 对象作为邮件的附件，并将它添加到邮件中。最后，创建一个 smtplib.SMTP 对象，并使用它来发送邮件。

这个实战案例展示了如何自动化发送带有主题、正文和附件的邮件。通过 Python 的 smtplib 和 email 库，可以用简洁的代码实现这个任务。

📑说明：上述案例使用了"sender@example.com"和"password"作为 SMTP 服务器的登录凭证。这些都是模拟值，在实际操作中，需要将其替换为使用者自己的实际凭证。"sender@example.com"应该被替换为实际邮箱地址，而"password"应该被替换为实际邮箱密码或者特定应用的密码（如果邮箱提供商支持应用特定密码的话）。出于安全原因，我们应该小心处理这些敏感信息，确保它们不会被泄露。如果代码需要在公开场合展示或分享，建议使用环境变量或者密钥管理工具来安全地存储这些凭证。

8.5　实战案例 2：自动回复邮件

Python 的 imaplib 和 email 库不仅可以用于发送邮件，还可以用于接收邮件和处理收到的邮件。这个实战案例将展示如何利用这两个库来实现邮件的自动回复。

我们将创建一个 Python 脚本，它将自动检查我们的邮箱，找到最近收到的邮件，并自动回复这些邮件。代码 8-7 是自动回复邮件的示例。

代码 8-7　自动回复邮件

```python
import imaplib
import email
from email.mime.text import MIMEText
import smtplib

def auto_reply(email_server, username, password):
    """
    自动回复邮件

    参数：
    email_server -- IMAP 服务器
    username -- 邮箱用户名
    password -- 邮箱密码
    """
    # 连接到 IMAP 服务器
    mail = imaplib.IMAP4_SSL(email_server)
    mail.login(username, password)

    # 选择邮箱中的 'inbox' 文件夹
    mail.select('inbox')

    # 搜索邮箱中的所有未读邮件
    result, data = mail.uid('search', None, '(UNSEEN)')
    all_emails = data[0].split()
```

```
    # 如果没有未读邮件，结束函数
    if not all_emails:
        return

    # 获取最新的一封未读邮件
    latest_email_uid = all_emails[-1]
    result, email_data = mail.uid('fetch', latest_email_uid,
 '(BODY[HEADER.FIELDS (FROM SUBJECT DATE)])')
    raw_email = email_data[0][1].decode('utf-8')
    email_message = email.message_from_string(raw_email)

    # 提取邮件的发件人、主题和日期
    from_addr = email.utils.parseaddr(email_message['From'])[1]
    subject = email_message['Subject']
    date = email_message['Date']

    # 创建一个 SMTP 对象
    server = smtplib.SMTP('smtp.example.com', 587)
    server.starttls()
    server.login(username, password)

    # 创建回复邮件的正文
    body = 'This is an automatic reply to your email received on ' + date + '.'

    # 创建回复邮件
    msg = MIMEText(body)
    msg['From'] = username
    msg['To'] = from_addr
    msg['Subject'] = 'RE: ' + subject

    # 发送回复邮件
    server.sendmail(username, from_addr, msg.as_string())

    # 断开 SMTP 服务器连接
    server.quit()
#使用 auto_reply()函数自动回复最新的未读邮件
auto_reply('imap.example.com', 'username@example.com', 'password')
```

　　这段代码首先连接 IMAP 服务器，并登录邮箱。接着，选择"inbox"文件夹，并搜索所有未读邮件。如果有未读邮件，取出最新的一封，提取发件人、主题和日期，然后创建一个回复邮件并发送出去。

　　这个实战案例展示了如何自动回复收到的邮件。通过 Python 的 imaplib 和 email 库，我们可以用简洁的代码实现这个任务。

8.6　实战案例 3：邮件过滤与分类

　　随着日常使用电子邮件频率的增加，管理和组织邮件变得越来越复杂。Python 的 imaplib 和 email 库可以帮助我们自动完成一些邮件管理任务，如邮件过滤和分类。

　　邮件过滤是一个常见的需求，我们可以根据邮件的发件人、收件人、主题等信息对

邮件进行过滤，将不同的邮件归类到不同的文件夹中，以便后续处理。这个实战案例将
展示如何利用 Python 自动完成这个任务。

代码 8-8 是利用 Python 自动进行邮件过滤的示例。

代码 8-8　邮件过滤与分类

```python
import imaplib
import email
from email.header import decode_header

def filter_emails(email_server, username, password):
    """
    自动过滤邮件

    参数:
    email_server -- IMAP 服务器
    username -- 邮箱用户名
    password -- 邮箱密码
    """
    # 连接到 IMAP 服务器
    mail = imaplib.IMAP4_SSL(email_server)
    mail.login(username, password)

    # 选择邮箱中的 'inbox' 文件夹
    mail.select('inbox')

    # 搜索邮箱中的所有邮件
    result, data = mail.uid('search', None, 'ALL')
    all_emails = data[0].split()

    # 遍历所有邮件
    for email_uid in all_emails:
        result, email_data = mail.uid('fetch', email_uid,
'(BODY[HEADER.FIELDS (FROM SUBJECT DATE)])')
        raw_email = email_data[0][1].decode('utf-8')
        email_message = email.message_from_string(raw_email)

        # 提取邮件的发件人、主题和日期
        from_addr = email.utils.parseaddr(email_message['From'])[1]
        subject = decode_header(email_message['Subject'])[0][0].decode
(decode_header(email_message['Subject'])[0][1])

        # 根据邮件的发件人和主题对邮件进行分类
        if 'example1@example.com' in from_addr:
            # 如果邮件来自 example1@example.com，将其移动到 'Folder1'
            result = mail.uid('COPY', email_uid, 'Folder1')
            if result[0] == 'OK':
                mov, data = mail.uid('STORE', email_uid, '+FLAGS',
'(\Deleted)')
                mail.expunge()
        elif 'Python' in subject:
            # 如果邮件的主题包含 'Python'，将其移动到 'Folder2'
            result = mail.uid('COPY', email_uid, 'Folder2')
            if result[0] == 'OK':
                mov, data = mail.uid('STORE', email_uid, '+FLAGS',
'(\Deleted)')
                mail.expunge()
```

```
# 使用 filter_emails()函数自动过滤所有邮件
filter_emails('imap.example.com', 'username@example.com', 'password')
```

这段代码首先连接 IMAP 服务器，并登录邮箱。然后，选择 inbox 文件夹，并搜索所有邮件。接着，遍历所有邮件，提取邮件的发件人、主题和日期。根据发件人和主题，将邮件分类到不同的文件夹中。

通过 Python 的 imaplib 和 email 库，我们可以用简洁的代码实现邮件过滤和分类。这个实战展示了如何利用 Python 进行邮件管理，这种方法可以大大优化我们的工作流程。

8.7 实战案例 4：定时发送邮件

电子邮件已经成为我们日常生活和工作中不可或缺的通信工具。有时，我们需要在特定的时间发送电子邮件，例如每天早上发送一份工作报告，或者在某个特定的日期发送生日祝福。为了实现这个目标，我们可以使用 Python 的 smtplib 库发送电子邮件，并使用 Python 的定时任务库 sched 实现定时功能。

代码 8-9 是使用 Python 自动定时发送邮件的示例。

代码 8-9　定时发送邮件

```python
import smtplib
from email.mime.text import MIMEText
import sched
import time

def send_email(subject, body, to):
    """
    自动发送邮件

    参数：
    subject -- 邮件主题
    body -- 邮件正文
    to -- 收件人列表
    """
    # 创建一个 MIMEText 对象
    msg = MIMEText(body)

    # 设置邮件信息
    msg['From'] = 'sender@example.com'
    msg['To'] = ', '.join(to)
    msg['Subject'] = subject

    # 创建一个 SMTP 对象
    server = smtplib.SMTP('smtp.example.com', 25)
    # 登录 SMTP 服务器
    server.login('sender@example.com', 'password')
    # 发送邮件
    server.sendmail('sender@example.com', to, msg.as_string())
```

```
    # 断开 SMTP 服务器连接
    server.quit()

def scheduler(time_to_send, subject, body, to):
    """
    自动化定时任务

    参数:
    time_to_send -- 发送邮件的时间
    subject -- 邮件主题
    body -- 邮件正文
    to -- 收件人列表
    """
    # 创建一个 sched.scheduler 对象
    s = sched.scheduler(time.time, time.sleep)

    # 定义发送邮件的函数
    def send_email_at_time():
        send_email(subject, body, to)

    # 计算发送邮件的时间
    send_time = time.mktime(time.strptime(time_to_send, '%Y-%m-%d
%H:%M:%S'))
    current_time = time.time()
    delay = send_time - current_time

    # 在指定的时间发送邮件
    s.enter(delay, 1, send_email_at_time)
    s.run()

# 使用 scheduler() 函数，定时发送邮件给指定的收件人
scheduler('2023-05-22 08:00:00', 'Hello', 'This is a test email sent by
Python.', ['receiver1@example.com', 'receiver2@example.com'])
```

这段代码首先定义了一个发送邮件的函数，然后在 scheduler() 函数中创建了一个 sched.scheduler 对象，并用它来安排在指定的时间执行发送邮件的函数。

这个实战案例展示了如何利用 Python 进行定时发送邮件。通过使用 Python 的 smtplib 和 sched 库，我们可以自动化在特定时间发送邮件，从而提高工作效率。

8.8　实战案例 5：邮件转发与转发规则设置

邮件转发是电子邮件管理中的常见需求，它可以将重要的邮件发送给其他人或者自己的其他邮箱地址。有时，我们可能还希望根据一些特定的规则自动转发邮件，例如，当邮件来自特定的发件人或包含特定的主题时自动转发。

Python 的 imaplib 和 email 库提供了处理邮件的功能，我们可以使用这两个库来获取邮件并转发给其他人。代码 8-10 是使用 Python 自动邮件转发的示例。

代码 8-10　邮件转发与转发规则设置

```
import imaplib
import email
```

```
from email.header import decode_header
import smtplib
from email.mime.text import MIMEText

def forward_email(subject_rule, from_rule, to):
    """
    自动转发邮件

    参数：
    subject_rule -- 主题规则
    from_rule -- 发件人规则
    to -- 转发的收件人列表
    """
    # 连接到 IMAP 服务器
    mail = imaplib.IMAP4_SSL('imap.example.com')
    # 登录到邮箱
    mail.login('user@example.com', 'password')
    # 选择邮箱中的邮件夹
    mail.select('inbox')

    # 搜索邮件
    result, data = mail.uid('search', None, 'ALL')
    # 获取邮件列表
    mail_ids = data[0].split()

    # 遍历邮件列表
    for i in mail_ids:
        # 获取邮件
        result, data = mail.uid('fetch', i, '(BODY[HEADER.FIELDS (SUBJECT
FROM)])')
        raw_email = data[0][1].decode('utf-8')
        email_message = email.message_from_string(raw_email)

        # 获取邮件主题和发件人
        subject = decode_header(email_message['Subject'])[0][0]
        from_ = decode_header(email_message['From'])[0][0]

        # 检查邮件是否满足转发规则
        if subject == subject_rule and from_ == from_rule:
            # 创建一个 MIMEText 对象
            msg = MIMEText(raw_email)

            # 设置邮件信息
            msg['From'] = 'sender@example.com'
            msg['To'] = ', '.join(to)
            msg['Subject'] = 'Fwd: ' + subject_rule

            # 创建一个 SMTP 对象
            server = smtplib.SMTP('smtp.example.com', 25)
            # 登录 SMTP 服务器
            server.login('sender@example.com', 'password')
            # 发送邮件
            server.sendmail('sender@example.com', to, msg.as_string())
            # 断开 SMTP 服务器连接
            server.quit()

# 使用 forward_email 函数根据主题和发件人规则转发邮件给指定的收件人
```

```
forward_email('Test Email', 'test@example.com', ['receiver1@example.com',
'receiver2@example.com'])
```

这段代码首先连接 IMAP 服务器并登录到邮箱，然后选择邮箱中的邮件夹并搜索邮件。接着，获取邮件的主题和发件人，并检查它们是否满足转发规则。如果满足转发规则，就创建一个新的邮件，并将原始邮件的内容作为新邮件的正文，然后使用 SMTP 服务器发送新邮件。

这个实战案例展示了如何利用 Python 进行邮件转发并设置转发规则。通过使用 Python 的 imaplib 和 email 库，我们可以自动化地根据特定规则转发邮件，从而提高工作效率。

8.9　实战案例 6：邮件内容加密和解密

处理电子邮件时，可能需要加密邮件内容以确保信息的安全。Python 的 cryptography 库提供了强大的加密和解密工具，我们可以使用这个库来加密邮件内容并发送加密后的邮件，然后在接收端使用同样的工具解密邮件内容。

代码 8-11 是使用 Python 自动邮件内容的加密和解密的示例。

代码 8-11　邮件内容加密和解密

```python
from cryptography.fernet import Fernet
import smtplib
from email.mime.text import MIMEText

def encrypt_and_send_email(subject, body, to, key):
    """
    加密邮件内容并发送

    参数：
    subject -- 邮件主题
    body -- 邮件正文
    to -- 收件人列表
    key -- 密钥
    """
    # 创建一个 Fernet 对象
    cipher_suite = Fernet(key)

    # 加密邮件正文
    cipher_text = cipher_suite.encrypt(body.encode('utf-8'))

    # 创建一个 MIMEText 对象
    msg = MIMEText(cipher_text)

    # 设置邮件信息
    msg['From'] = 'sender@example.com'
    msg['To'] = ', '.join(to)
    msg['Subject'] = subject

    # 创建一个 SMTP 对象
```

```
server = smtplib.SMTP('smtp.example.com', 25)
# 登录 SMTP 服务器
server.login('sender@example.com', 'password')
# 发送邮件
server.sendmail('sender@example.com', to, msg.as_string())
# 断开 SMTP 服务器连接
server.quit()

# 生成一个新的密钥
key = Fernet.generate_key()
# 使用 encrypt_and_send_email()函数发送加密邮件给指定的收件人
encrypt_and_send_email('Hello', 'This is a test email sent by Python.',
['receiver1@example.com', 'receiver2@example.com'], key)
```

这段代码首先创建一个 Fernet 对象并使用它来加密邮件的正文，然后创建一个
MIMEText 对象，并将加密后的邮件正文作为 MIMEText 对象的内容。最后，使用 SMTP
服务器发送这个邮件。

接收端可以使用相同的密钥来解密邮件内容。这个实战案例展示了如何利用 Python
进行邮件内容的加密和解密。通过使用 Python 的 cryptography 库，可以保证邮件内容在
传输过程中的安全性。

8.10　实战案例 7：邮件内容翻译

在全球化的背景下，有时需要发送包含多种语言的邮件，或者需要将接收到的邮件
翻译成我们可以理解的语言。Python 的 googletrans 库提供了使用 Google 翻译 API 进行
文本翻译的功能，使用这个库可以自动翻译邮件内容。

代码 8-12 是使用 Python 自动翻译邮件内容的示例。

代码 8-12　邮件内容翻译

```
from googletrans import Translator
import smtplib
from email.mime.text import MIMEText

def translate_and_send_email(subject, body, to, src_lang, dest_lang):
    """
    翻译邮件内容并发送邮件

    参数：
    subject -- 邮件主题
    body -- 邮件正文
    to -- 收件人列表
    src_lang -- 源语言
    dest_lang -- 目标语言
    """
    # 创建一个 Translator 对象
    translator = Translator()

    # 翻译邮件正文
    translated_body = translator.translate(body, src=src_lang, dest=
```

```
dest_lang).text

    # 创建一个 MIMEText 对象
    msg = MIMEText(translated_body, _charset='UTF-8')

    # 设置邮件信息
    msg['From'] = 'sender@example.com'
    msg['To'] = ', '.join(to)
    msg['Subject'] = subject

    # 创建一个 SMTP 对象
    server = smtplib.SMTP('smtp.example.com', 25)
    # 登录 SMTP 服务器
    server.login('sender@example.com', 'password')
    # 发送邮件
    server.sendmail('sender@example.com', to, msg.as_string())
    # 断开 SMTP 服务器连接
    server.quit()

# 使用 translate_and_send_email() 函数发送翻译后的邮件给指定的收件人
translate_and_send_email('Hello', 'This is a test email sent by Python.',
['receiver1@example.com', 'receiver2@example.com'], 'en', 'fr')
```

这段代码首先创建了一个 Translator 对象，并使用它来翻译邮件的正文，然后创建一个 MIMEText 对象，并将翻译后的邮件正文作为 MIMEText 对象的内容。最后，使用 SMTP 服务器发送这个邮件。

这个实战案例展示了如何利用 Python 进行邮件内容的翻译。通过 Python 的 googletrans 库，我们可以方便地将邮件内容翻译成任何一种我们想要的语言。

8.11　实战案例 8：邮件内容压缩与解压

随着电子邮件发送数据量的日益增大，压缩和解压缩电子邮件内容变得越来越重要。压缩可以减少电子邮件的大小，从而节省网络带宽和存储空间。Python 的 zlib 库提供了数据压缩和解压缩的功能，可以使用这个库来自动实现邮件内容的压缩和解压缩。

代码 8-13 是一个使用 Python 自动实现邮件内容的压缩和解压缩的示例。

代码 8-13　邮件内容压缩与解压

```
import zlib
import smtplib
from email.mime.text import MIMEText

def compress_and_send_email(subject, body, to):
    """
    压缩邮件内容并发送邮件

    参数：
    subject -- 邮件主题
    body -- 邮件正文
    to -- 收件人列表
    """
```

```
# 压缩邮件正文
compressed_body = zlib.compress(body.encode('utf-8'))

# 创建一个 MIMEText 对象
msg = MIMEText(compressed_body, _charset='UTF-8')

# 设置邮件信息
msg['From'] = 'sender@example.com'
msg['To'] = ', '.join(to)
msg['Subject'] = subject

# 创建一个 SMTP 对象
server = smtplib.SMTP('smtp.example.com', 25)
# 登录 SMTP 服务器
server.login('sender@example.com', 'password')
# 发送邮件
server.sendmail('sender@example.com', to, msg.as_string())
# 断开 SMTP 服务器连接
server.quit()

# 使用 compress_and_send_email 函数，发送压缩后的邮件给指定的收件人
compress_and_send_email('Hello', 'This is a test email sent by Python.',
['receiver1@example.com', 'receiver2@example.com'])
```

上述代码首先使用 zlib 库中的 compress 方法对邮件正文进行压缩，然后在 MIMEText 对象中将压缩后的内容设为正文，最后通过 SMTP 服务器发送邮件。

这个实战案例演示的是如何使用 Python 进行邮件内容的压缩与发送。借助 Python 的 zlib 库，我们不仅能对邮件内容进行有效压缩，节省网络带宽和存储空间，同时也使邮件的传输和接收更为高效。

8.12 实战案例 9：邮件内容签名与验证

邮件内容签名是电子邮件安全的重要组成部分。签名可以保证邮件内容的完整性，防止邮件在传输过程中被篡改。Python 的 hashlib 库提供了哈希函数，使用这个库可以为邮件内容生成签名，并在接收端验证签名。

代码 8-14 是使用 Python 进行邮件内容签名和验证的示例。

代码 8-14 邮件内容签名与验证

```
import hashlib
import smtplib
from email.mime.text import MIMEText

def sign_and_send_email(subject, body, to):
    """
    对邮件内容签名并发送邮件

    参数：
    subject -- 邮件主题
    body -- 邮件正文
```

```
        to -- 收件人列表
        """
        # 对邮件正文签名
        signature = hashlib.sha256(body.encode('utf-8')).hexdigest()

        # 创建一个 MIMEText 对象
        msg = MIMEText(body + '\n\n' + 'Signature: ' + signature, _charset=
'UTF-8')

        # 设置邮件信息
        msg['From'] = 'sender@example.com'
        msg['To'] = ', '.join(to)
        msg['Subject'] = subject

        # 创建一个 SMTP 对象
        server = smtplib.SMTP('smtp.example.com', 25)
        # 登录 SMTP 服务器
        server.login('sender@example.com', 'password')
        # 发送邮件
        server.sendmail('sender@example.com', to, msg.as_string())
        # 断开 SMTP 服务器连接
        server.quit()

# 使用 sign_and_send_email() 函数, 发送签名后的邮件给指定的收件人
sign_and_send_email('Hello', 'This is a test email sent by Python.',
['receiver1@example.com', 'receiver2@example.com'])
```

　　上述代码首先使用 hashlib 库中的 sha256 方法对邮件正文生成签名。然后，在
MIMEText 对象中将邮件正文和签名作为邮件内容，最后通过 SMTP 服务器发送邮件。
　　在这个实战案例中，我们成功地实施了邮件内容的签名和发送。借助 Python 的
hashlib 库，我们能够生成邮件内容的签名，保证邮件在传输过程中的完整性，使得接收
者能够验证邮件内容是否被篡改。这大大增强了电子邮件的安全性，使得 Python 在电子
邮件处理方面的应用更加多元和深入。

8.13　实战案例 10：自动下载邮件附件

　　在处理电子邮件时，经常需要下载邮件中的附件。Python 的 imaplib 和 email 库提供
了实现这一功能的所有工具。代码 8-15 是使用 Python 自动下载邮件附件的示例。

代码 8-15　自动下载邮件附件

```
import imaplib
import email
import os
from email.header import decode_header

def download_attachments(email_username, email_password, download_path):
    """
    从邮箱中下载附件

    参数:
```

```
    email_username -- 邮箱用户名
    email_password -- 邮箱密码
    download_path -- 附件下载路径
    """
    # 连接到邮箱服务器
    mail = imaplib.IMAP4_SSL("imap.example.com")
    # 登录邮箱
    mail.login(email_username, email_password)
    # 选择邮箱中的邮件夹
    mail.select("inbox")
    # 搜索所有邮件
    result, data = mail.uid('search', None, "ALL")
    # 获取邮件列表
    email_list = data[0].split()
    # 对每一封邮件进行处理
    for num in email_list:
        result, data = mail.uid('fetch', num, '(BODY.PEEK[])')
        raw_email = data[0][1].decode('utf-8')
        email_message = email.message_from_string(raw_email)
        # 如果邮件有附件
        if email_message.get_content_maintype() == 'multipart':
            for part in email_message.get_payload():
                if part.get_content_maintype() == 'application':
                    # 获取附件名称
                    filename = decode_header(part.get_filename())[0][0]
                    # 下载附件
                    with open(os.path.join(download_path, filename), 'wb')
as f:
                        f.write(part.get_payload(decode=True))
    # 退出邮箱
    mail.logout()

# 使用 download_attachments()函数从邮箱中下载附件
download_attachments('username@example.com', 'password', './downloads')
```

这段代码首先连接邮箱服务器，并登录邮箱。然后，选择邮箱中的邮件夹，并搜索所有邮件。接着，遍历每一封邮件，检查邮件是否有附件。如果有附件，便下载附件。

本实战案例展示了如何使用 Python 对电子邮件中的附件进行下载操作。借助 imaplib和 email 库，可以实现邮件附件的自动下载，这极大提高了处理电子邮件的效率。此外，这个功能在处理大量包含附件的邮件，特别是进行数据采集时，有着广泛的应用。

8.14　实战案例 11：垃圾邮件的检测与处理

在处理日常的电子邮件时，垃圾邮件对工作和生活会产生极大干扰。因此，检测并处理垃圾邮件成为一项重要的任务。在 Python 中，可以使用各种机器学习库，如scikit-learn，来构建一个垃圾邮件检测器。代码 8-16 是使用 Python 自动检测并处理垃圾邮件的示例。

代码 8-16　垃圾邮件的检测与处理

```python
import imaplib
import email
from sklearn.feature_extraction.text import CountVectorizer
from sklearn.naive_bayes import MultinomialNB

# 读取训练数据
with open('spam.txt', 'r') as f:
    spam = f.read().split('\n')
with open('ham.txt', 'r') as f:
    ham = f.read().split('\n')

# 构建特征向量
vectorizer = CountVectorizer()
features = vectorizer.fit_transform(spam + ham)

# 构建标签
labels = [1]*len(spam) + [0]*len(ham)

# 训练模型
model = MultinomialNB()
model.fit(features, labels)

def check_spam(email_message):
    """
    检查邮件是否为垃圾邮件

    参数:
    email_message -- 邮件内容

    返回:
    邮件是否为垃圾邮件
    """
    # 将邮件转换为特征向量
    features = vectorizer.transform([email_message])
    # 预测邮件是否为垃圾邮件
    return model.predict(features)[0] == 1

# 检查邮件是否为垃圾邮件
check_spam('Congratulations! You have won 1 million dollars!')
```

这段代码首先读取一些已经标记为垃圾邮件和正常邮件的训练数据。然后，使用 CountVectorizer 将这些邮件转换为特征向量，并使用这些特征向量和对应的标签来训练一个朴素贝叶斯分类器。最后，定义一个函数，该函数接收一个邮件，将其转换为特征向量，然后使用模型预测该邮件是否为垃圾邮件。

通过本实战案例，我们学习了如何使用 Python 和 scikit-learn 构建一个垃圾邮件检测器，用该检测器将垃圾邮件分类并处理。这样，我们可以避免在处理邮件时被大量垃圾邮件干扰，进而提高工作效率。同时，这个应用还体现了 Python 在数据处理、机器学习等领域的强大实力。

📖 **说明**：在垃圾邮件的检测中，除了朴素贝叶斯分类器，还有很多其他的常见方法，如决策树、支持向量机、K 近邻法，甚至包括深度学习等。这些方法都可以用于训练模型以识别和过滤垃圾邮件。另外，也可以借助更先进的大模型，如利用 OpenAI 的 ChatGPT 进行邮件内容的判断和区分。ChatGPT 不仅可以理解和生成人类语言，还可以在大量的文本数据中学习丰富的知识和信息，使其在诸如垃圾邮件检测等任务上表现优异。不过，由于这部分知识涉及的内容较为复杂，本节不做过多的介绍。如果读者对此感兴趣，并希望更深入地了解和学习如何使用 ChatGPT 来处理各种实际问题，读者可以阅读相关图书。

8.15　实战案例 12：邮件的自动分类和标记

在日常工作中，我们经常会收到大量的邮件，如果能够将这些邮件按照主题或类型自动分类并标记，就能够更加有效地管理和处理邮件。在 Python 中，使用 IMAP 协议和 Python 的内置邮件处理库可以实现邮件的自动分类和标记。代码 8-17 是一个简单的示例，演示了如何使用 Python 进行邮件的自动分类和标记。

代码 8-17　邮件的自动分类和标记

```python
import imaplib
import email
from email.header import decode_header

def classify_and_mark(email_message):
    """
    自动分类和标记邮件

    参数:
    email_message -- 邮件内容

    返回:
    分类和标记后的邮件
    """
    subject = decode_header(email_message['Subject'])[0][0]
    if isinstance(subject, bytes):
        # 如果是 bytes 类型，需要进行解码
        subject = subject.decode()

    # 根据邮件主题进行分类
    if 'urgent' in subject.lower():
        email_message.add_header('X-Label', 'Urgent')
    elif 'meeting' in subject.lower():
        email_message.add_header('X-Label', 'Meeting')
    else:
        email_message.add_header('X-Label', 'General')

    return email_message

# 对邮件进行自动分类和标记
email_message = email.message_from_string('Subject: Urgent: Meeting
tomorrow\n\nHi, we have a meeting tomorrow.')
classify_and_mark(email_message)
```

这段代码首先定义了一个函数，该函数接收一个邮件。然后根据邮件的主题，将邮件分类并添加一个新的头部信息来表示邮件的类别。这里使用的是 IMAP 协议中的 X-Label 头部，这个头部可以被大多数的邮件客户端识别，并可以基于这个头部进行邮件过滤。

这个实战案例展示了如何使用 Python 进行邮件的自动分类和标记，Python 的强大和灵活使得我们能够以各种方式处理和操作邮件，大大提高我们的工作效率。

8.16　实战案例 13：邮件的自动排序和存档

无论是企业还是个人，随着活动的增加和业务的扩展，接收和处理的邮件数量也会随之增加。这就需要有效地管理电子邮件，以便快速找到所需的信息。这个实战案例将展示如何利用 Python 的 imaplib 和 email 库进行邮件的自动排序和存档。

首先需要获取邮件列表，并根据邮件的日期、主题或者发件人等属性进行排序。接着，将排序后的邮件保存到本地的文件系统或者数据库中，这样便于我们之后检索和查询。在 Python 中，可以使用 imaplib 库来连接 IMAP 服务器并获取邮件列表，使用 email 库来解析邮件的属性，如代码 8-18 所示。

代码 8-18　邮件的自动排序和存档

```
import imaplib
import email
from email.header import decode_header

# 连接到 IMAP 服务器
mail = imaplib.IMAP4_SSL("imap.example.com")

# 登录到邮箱
mail.login("user@example.com", "password")

# 选择邮箱中的邮件夹
mail.select("inbox")

# 搜索邮件
result, data = mail.uid('search', None, "ALL")

# 获取邮件列表
email_list = data[0].split()

# 对邮件列表进行排序
email_list.sort(key=lambda x: email.message_from_string(mail.uid
('fetch', x, '(BODY[HEADER])')[1][0][1]).get('Date'))

# 遍历邮件列表
for uid in email_list:
    # 获取邮件的信息
    result, data = mail.uid('fetch', uid, '(BODY[HEADER])')
    raw_email = data[0][1]

    # 解析邮件
```

```
email_message = email.message_from_string(raw_email)

# 打印邮件的发件人、主题和日期
print("From: ", decode_header(email_message['From'])[0])
print("Subject: ", decode_header(email_message['Subject'])[0])
print("Date: ", decode_header(email_message['Date'])[0])
print()
```

这段代码首先连接 IMAP 服务器，并登录到邮箱。接着，选择邮箱中的邮件夹，并获取所有的邮件列表。然后，使用 Python 的内置函数 sort() 对邮件列表进行排序。最后，遍历排序后的邮件列表，对每一封邮件进行解析，并打印出邮件的发件人、主题和日期。

通过这个实战案例，我们学习了如何通过 Python 进行邮件的自动排序和存档。这些技能将极大地提高我们处理邮件的效率，帮助我们在海量的信息中迅速找到所需的邮件。

8.17　实战实例 14：自动更新邮件订阅列表

在日常工作中，我们经常会订阅一些新闻简报或者通知服务来获取我们感兴趣的信息。但随着时间的推移，我们的兴趣点可能会有所变化，一些邮件的订阅可能变得不再那么重要，而有些新的信息源则进入我们希望订阅的范围。因此，能够自动更新邮件订阅列表会更有效地管理我们的信息获取。这个实战案例将展示如何使用 Python 的 smtplib 和 email 库来自动更新邮件订阅列表。

首先，创建一个邮件订阅列表，然后，根据需要向列表中添加或者删除邮件地址。接着，利用 Python 发送一封邮件到这个订阅列表，告知订阅者列表已更新，如代码 8-19 所示。

代码 8-19　自动更新邮件订阅列表

```
import smtplib
from email.mime.text import MIMEText

# 创建邮件订阅列表
subscription_list = ['subscriber1@example.com', 'subscriber2@example.com']

def update_subscription_list(new_subscribers, unsubscribers):
    # 添加新的订阅者
    for subscriber in new_subscribers:
        if subscriber not in subscription_list:
            subscription_list.append(subscriber)
    # 删除取消订阅的订阅者
    for subscriber in unsubscribers:
        if subscriber in subscription_list:
            subscription_list.remove(subscriber)

# 使用 SMTP 服务器发送邮件
def send_email(to, subject, body):
    # 创建 SMTP 对象
    server = smtplib.SMTP('smtp.example.com', 25)
    # 登录 SMTP 服务器
    server.login('sender@example.com', 'password')
```

```
    # 创建邮件
    msg = MIMEText(body)
    msg['Subject'] = subject
    msg['From'] = 'sender@example.com'
    msg['To'] = ', '.join(to)
    # 发送邮件
    server.send_message(msg)
    # 断开 SMTP 连接
    server.quit()

# 更新邮件订阅列表
update_subscription_list(['new_subscriber1@example.com',
'new_subscriber2@example.com'], ['unsubscriber1@example.com'])
# 发送邮件通知订阅者列表已更新
send_email(subscription_list, 'Subscription List Updated', 'Dear
subscriber, the subscription list has been updated.')
```

这段代码首先创建一个邮件订阅列表。然后，定义一个函数 update_subscription_list()，该函数接收两个参数：一个是新的订阅者列表，一个是需要取消订阅的订阅者列表。这个函数更新订阅列表，将新的订阅者添加到列表中，将取消订阅的订阅者从列表中删除。接下来，定义一个函数 send_email()用于发送邮件。最后，调用这两个函数来更新邮件订阅列表，并发送一封邮件通知订阅者列表已更新。

便捷地处理邮件订阅列表的更新对那些需要维护大量邮件订阅的情景，例如新闻发布、产品更新通知等，有着实质性的帮助。自动更新邮件订阅列表减少了人工操作，提高了效率，使得邮件订阅管理更加自动化。

8.18　实战案例 15：对邮件的敏感信息自动打码处理

在处理和发送邮件时，经常会遇到对敏感信息进行打码处理的情况。比如，不希望邮件的正文中包含某些关键词，或者不希望暴露具体的数字信息等。Python 提供的很多用于文本处理和正则表达式的库可以自动实现这个任务。这个实战案例将展示如何使用 Python 的 re 库对邮件内容进行敏感信息的打码处理，如代码 8-20 所示。

代码 8-20　对邮件的敏感信息自动打码处理

```
import re
import smtplib
from email.mime.text import MIMEText

def mask_sensitive_info(email_body):
    # 定义敏感信息的模式
    sensitive_info_patterns = [
        r'\b[0-9]{3}-[0-9]{3}-[0-9]{4}\b',          # 手机号码
        r'\b[0-9]{3}-[0-9]{2}-[0-9]{4}\b'           # 社会安全号码
    ]
    # 对每种模式进行打码处理
    for pattern in sensitive_info_patterns:
        email_body = re.sub(pattern, '***MASKED***', email_body)
    return email_body
```

```
def send_email(to, subject, body):
    # 创建 SMTP 对象
    server = smtplib.SMTP('smtp.example.com', 25)
    # 登录 SMTP 服务器
    server.login('sender@example.com', 'password')
    # 创建邮件
    msg = MIMEText(mask_sensitive_info(body))
    msg['Subject'] = subject
    msg['From'] = 'sender@example.com'
    msg['To'] = ', '.join(to)
    # 发送邮件
    server.send_message(msg)
    # 断开 SMTP 连接
    server.quit()

# 发送邮件
send_email(['receiver@example.com'], 'Test Email', 'This is a test email.
Mobile: 123-456-7890, SSN: 123-45-6789')
```

这段代码定义了一个函数 mask_sensitive_info()，该函数接收一个字符串作为输入。用正则表达式查找敏感信息的模式，并将这些模式替换为打码信息。这里定义了两个敏感信息的模式：手机号码和社会安全号码。当创建并发送邮件时，会调用这个函数来处理邮件正文中的敏感信息。

这个实战案例让我们学会了如何用 Python 的 re 库进行敏感信息的自动打码处理。这对处理涉及敏感信息的邮件、保护信息的安全非常有用。

8.19　实战案例 16：创建邮件内容的自动纠错系统

在日常的工作中，我们常常需要发送大量的邮件，而在快速输入的过程中，可能会出现拼写错误或语法错误。如果这些错误出现在关键的工作邮件中，可能会影响我们的专业形象。因此，创建一个可以自动纠正邮件中拼写和语法错误的系统是非常有用的。

Python 的 textblob 库可以帮助我们实现这个功能。textblob 是一个用于处理文本数据的 Python 库，它提供了一系列的 API 来处理常见的自然语言处理任务，包括词性标注、名词短语提取、情感分析等。其中，textblob 的 correct 方法可以用来自动纠正文本中的拼写错误。

代码 8-21 是创建邮件内容自动纠错系统的示例。

代码 8-21　创建邮件内容的自动纠错系统

```
from textblob import TextBlob
import smtplib
from email.mime.text import MIMEText

def correct_email_body(email_body):
    # 创建一个 TextBlob 对象
    tb = TextBlob(email_body)
    # 使用 TextBlob 对象的 correct 方法自动纠正拼写错误
```

```
        return str(tb.correct())

def send_email(to, subject, body):
    # 创建 SMTP 对象
    server = smtplib.SMTP('smtp.example.com', 25)
    # 登录 SMTP 服务器
    server.login('sender@example.com', 'password')
    # 创建邮件
    msg = MIMEText(correct_email_body(body))
    msg['Subject'] = subject
    msg['From'] = 'sender@example.com'
    msg['To'] = ', '.join(to)
    # 发送邮件
    server.send_message(msg)
    # 断开 SMTP 连接
    server.quit()

# 发送邮件
send_email(['receiver@example.com'], 'Test Email', 'This is a tst email.
Plase ignre the spleling mistkes.')
```

这段代码定义了一个函数 correct_email_body()，这个函数使用 textblob 的 correct() 方法自动纠正输入文本中的拼写错误。在发送邮件时，我们调用这个函数处理邮件的正文内容。

这个实战案例让我们学会了如何使用 Python 的 textblob 库创建一个可以自动纠正邮件内容中拼写错误的系统。通过这种方式，我们可以确保发送的邮件内容更加准确和专业。

8.20　小　　结

本章系统性地探讨了如何使用 Python 进行邮件自动化处理。首先介绍了 Python 中的 smtplib 和 email 库的基本使用；接着介绍如何通过 Python 脚本自动发送邮件、回复邮件、过滤和分类邮件、定时发送邮件，以及设置邮件转发规则等操作；介绍如何进行邮件内容的加密与解密、翻译、压缩与解压、签名与验证、下载邮件附件、检测并处理垃圾邮件、自动分类和标记邮件，自动排序和存档邮件，自动更新邮件订阅列表，邮件内容的敏感信息处理，以及创建邮件内容的自动纠错系统等一系列高级功能。

Python 提供的 smtplib、email、textblob 等库，使我们能够模拟和自动化进行邮件的各种操作，极大地提高了邮件处理的效率和准确性。

希望通过对本章的学习，我们能够掌握使用 Python 进行邮件自动化处理的基本方法和技巧，无论是日常的邮件管理，还是工作中的大规模邮件处理，都能做到运用自如。

🔔注意：为了演示和实践，本章使用了虚拟邮箱地址如"sender@example.com"，并没有使用真实的邮箱地址和密码。这是为了避免在实践中对真实邮箱造成不必要的访问或影响。在实际操作中，我们需要使用自己的邮箱地址和密码，并确保这些敏感信息的安全，避免遭到泄露。同时，合理、合法地进行邮件自动化操作，遵守相关的使用政策和法律法规。

第9章 文件管理自动化

在当今的数字化时代，管理大量的文件已经成为人们日常工作的一部分。高效地管理文件不仅可以使人们的工作更加有序，也能使人们的生活更加便捷。手动进行文件管理往往耗时耗力，而 Python 的文件自动化管理功能则可以帮助人们更好地解决这个问题。本章将全面探讨 Python 如何实现文件管理的自动化。

本章主要包括多个实战案例。通过对本章的学习，读者将掌握以下关键技能：

❑ 理解并运用 Python 的 OS 库进行基础的文件操作。

❑ 使用 Python 进行文件名的批量修改和文件的自动备份。

❑ 使用 Python 自动清理垃圾文件，以保持工作区域的清洁。

❑ 如何自动检测文件状态和提取文件信息。

❑ 自动归档和解压文件，以及如何同步文件夹内容。

❑ 自动监控文件的变化，以及进行文件的加密和解密。

借助 Python 的强大功能，可以高效地管理和处理大量文件，以节省大量时间和精力。而且，这一切都可以定制化，可以根据个人需求进行相应的调整。从文件的创建、复制、删除，到文件的重命名、移动、备份，甚至更为复杂的操作，Python 都可以轻松应对。

9.1 文件管理自动化概述

随着人们日常工作和生活中数据量的不断增长，如何有效地管理文件，尤其是操作和处理大量文件成为一项重要任务。Python 为文件管理自动化提供了好用的工具和库，使得这一任务变得简单易行。

利用 Python 可以执行一系列文件管理任务，例如创建、读取、写入、复制、删除和重命名文件等。Python 内置的 OS 库可以完成这些操作。接下来的几节将介绍如何使用 OS 库，并且通过实践掌握文件管理自动化的关键技能。

9.2 OS 库简介

OS 库（OS Module）是 Python 的内置库之一，它提供了丰富的方法用于处理文件和目录，其标志如图 9.1 所示。OS 库定义了操作文件和目录的类，以及它与文件系统的交互方式。

图 9.1　OS Module 标志

代码 9-1 是一个简单的示例，展示如何使用 OS 库来操作文件和目录。

代码 9-1　使用OS库操作文件和目录

```
import os

# 创建目录
os.mkdir('test_dir')

# 改变当前工作目录
os.chdir('test_dir')

# 获取当前工作目录
print(os.getcwd())

# 返回上级目录
os.chdir('..')

# 删除目录
os.rmdir('test_dir')
```

在这个示例中，首先导入了 OS 库，然后创建了一个名为 test_dir 的目录，改变并打印了当前的工作目录，并返回上级目录，最后删除了 test_dir 目录。

9.3　OS 库的基本操作

在进行实战之前，需要先了解一些 OS 库的基本操作，包括创建目录、改变工作目录、获取工作目录、返回上级目录和删除目录的。

9.3.1　创建目录

使用 OS 库可以方便地创建目录。创建目录需要调用 os.mkdir()函数，并传入目录名作为参数，如代码 9-2 所示。

代码 9-2　创建目录

```
import os

# 创建目录
os.mkdir('test_dir')
```

这段代码调用了 os.mkdir()函数，并传入 test_dir 作为参数，最终创建了一个名为 test_dir 的目录。

9.3.2　改变工作目录

使用 os.chdir()函数改变当前的工作目录，如代码 9-3 所示。

代码 9-3　改变工作目录

```
import os

# 改变当前的工作目录
os.chdir('test_dir')
```

这段代码调用了 os.chdir()函数，并传入 test_dir 作为参数，将当前工作目录改变为 test_dir。

9.3.3　获取工作目录

使用 os.getcwd()函数获取当前的工作目录，如代码 9-4 所示。

代码 9-4　获取工作目录

```
import os

# 获取当前的工作目录
print(os.getcwd())
```

这段代码调用了 os.getcwd()函数获取了当前的工作目录，并打印了出来。

9.3.4　返回上级目录

使用 os.chdir('..')函数返回上级目录，如代码 9-5 所示。

代码 9-5　返回上级目录

```
import os

# 返回上级目录
os.chdir('..')
```

这段代码调用了 os.chdir('..')函数返回上级目录。

9.3.5　删除目录

使用 os.rmdir()函数删除一个目录，如代码 9-6 所示。

代码 9-6　删除目录

```
import os

# 删除目录
os.rmdir('test_dir')
```

这段代码调用了 os.rmdir()函数并传入 test_dir 作为参数，删除了名为 test_dir 的目录。

以上是 OS 库的基本操作，通过这些操作，可以进行基本的文件管理。接下来的几节将介绍如何使用 OS 库进行更复杂的操作，如文件的复制、移动和重命名等。

9.4　实战案例 1：批量修改文件名

在日常工作中，经常需要对大量文件进行重命名，例如规范文件名、添加特定前缀或后缀等。手动修改这些文件不仅烦琐，而且效率低下。幸运的是，Python 的 OS 库提供了方便的接口，可以轻松实现批量修改文件名的功能。

要实现批量修改文件名的功能，首先需要获取目录中所有文件的名称，然后对每个文件名进行修改。在 Python 的 OS 库中，可以使用 os.listdir()函数获取目录中所有文件的名字，使用 os.rename()函数对文件名进行修改，如代码 9-7 所示。

代码 9-7　批量修改文件名

```
import os

def batch_rename(directory, prefix):
    """
    批量修改指定目录中的文件名，添加指定前缀

    参数：
    directory -- 指定的目录
    prefix -- 指定的前缀

    返回：
    无
    """
    for filename in os.listdir(directory):
```

```
        new_name = prefix + filename
        old_path = os.path.join(directory, filename)
        new_path = os.path.join(directory, new_name)
        os.rename(old_path, new_path)

# 使用 batch_rename()函数，为 test_dir 目录中的所有文件添加"new_"前缀
batch_rename('test_dir', 'new_')
```

上述代码定义了一个函数 batch_rename()，它接收两个参数：一个是要操作的目录，另一个是要添加的前缀。这个函数遍历指定目录中的每个文件，为每个文件名添加指定前缀。然后，调用 os.rename()函数，将旧文件名替换为新文件名。该函数无返回值，它的主要作用是直接修改指定目录中的所有文件名。这样，我们就能在一次操作中批量修改大量文件的名称，大大提高工作效率。

这个实战案例展示了如何批量修改文件名。无论是为了规范文件名，还是为了方便后续的处理过程，批量修改文件名都是一个常见的需求。通过 Python 的 OS 库，我们可以用简洁的代码实现这个任务。

9.5 实战案例 2：自动备份文件

数据备份非常重要，但由于一些原因，比如烦琐的手动操作或忘记进行定期备份，数据备份可能被忽视。这时，Python 的自动化能力就能发挥出巨大的作用。使用 Python 可以让文件备份的流程自动化，以确保数据的安全性。

为了实现自动备份文件的功能，首先需要确定源文件路径和备份文件路径，然后复制源文件到备份路径。Python 的 shutil 库提供了复制文件和文件夹的功能，可以使用 shutil.copy()函数复制文件，如代码 9-8 所示。

代码 9-8 自动备份文件

```
import shutil
import os
import datetime

def backup_file(source_directory, backup_directory):
    """
    将指定目录中的所有文件备份到备份目录下

    参数：
    source_directory -- 源文件目录
    backup_directory -- 备份目录

    返回：
    无
    """
    if not os.path.exists(backup_directory):
        os.makedirs(backup_directory)

    for filename in os.listdir(source_directory):
        source_path = os.path.join(source_directory, filename)
```

```
        backup_path = os.path.join(backup_directory, filename + '_' +
str(datetime.date.today()))

        shutil.copy(source_path, backup_path)

# 使用 backup_file() 函数将 src_dir 目录中的所有文件备份到 backup_dir 目录下
backup_file('src_dir', 'backup_dir')
```

上述代码定义了一个函数 backup_file()，它接收两个参数：源文件目录和备份目录。此函数遍历源文件目录中的每个文件，并将其复制到备份目录中。同时，为保证备份文件的唯一性，示例在备份文件名中添加了当前日期。此函数不返回任何值，它的主要作用是将源文件目录中的所有文件备份到备份目录。这样，我们就可以放心地在源文件上进行各种操作，而不必担心数据丢失。

9.6　实战案例 3：自动清理垃圾文件

在计算机使用过程中，难免会产生大量的垃圾文件，如临时文件、日志文件、缓存文件等。这些垃圾文件占据了大量的存储空间，影响了计算机的性能。因此，定期清理垃圾文件是非常必要的。Python 的自动清理能力可以轻松完成这项工作，而无须手动去查找和删除这些文件。

自动清理垃圾文件主要涉及两个步骤：找到垃圾文件，删除它们。为了找到垃圾文件，我们需要确定哪些文件是垃圾文件。通常，垃圾文件可以通过文件的扩展名来判断，例如 ".tmp"".log"".cache" 等。接着，遍历特定目录及其子目录，找到所有的垃圾文件。然后，使用 OS 库的 os.remove() 函数删除这些文件，如代码 9-9 所示。

代码 9-9　自动清理垃圾文件

```
import os

def cleanup(directory, file_extensions):
    """
    清理指定目录及其子目录中的垃圾文件

    参数:
    directory -- 指定的目录
    file_extensions -- 垃圾文件的扩展名列表

    返回:
    无
    """
    for foldername, subfolders, filenames in os.walk(directory):
        for filename in filenames:
            for extension in file_extensions:
                if filename.endswith(extension):
                    file_path = os.path.join(foldername, filename)
                    os.remove(file_path)
                    print(f'Removed: {file_path}')
```

```
# 使用 cleanup()函数清理 dir 目录及其子目录下的所有.log 和.tmp 文件
cleanup('dir', ['.log', '.tmp'])
```

上述代码定义了一个函数 cleanup()，它接收两个参数：一个目录和一个垃圾文件扩展名列表。该函数遍历指定目录及其所有子目录中的文件，如果文件的扩展名在垃圾文件扩展名列表中，则删除该文件。此函数不返回任何值，它的主要作用是清理指定目录及其子目录中的垃圾文件。通过这种方法能定期清理垃圾文件，从而释放存储空间，提高计算机性能。

这个实战案例展示了如何利用 Python 自动化清理垃圾文件。自动清理垃圾文件可以保持计算机的良好状态，提高工作效率。

9.7　实战案例 4：文件夹管理自动化

在日常工作中，我们的计算机中可能会堆积大量的文件，这些文件散布在各个文件夹中，不仅难以管理，也影响了我们查找和使用文件的效率。Python 的文件夹管理自动化功能可以解决这个问题。

本节将介绍一个用于文件夹管理自动化的函数。这个函数的主要目标是对指定目录下的文件进行分类，并将它们移动到对应的子文件夹中。例如，将所有的文本文件移动到一个名为 Texts 的文件夹，将所有的图像文件移动到一个名为 Images 的文件夹，以此类推。利用 Python 的 os 和 shutil 库可以完成这个任务，OS 库用于处理文件和目录路径，shutil 库用于文件的复制、移动等操作，如代码 9-10 所示。

代码 9-10　文件夹管理自动化

```python
import os
import shutil

def organize_files(directory, file_extensions):
    """
    对指定目录下的文件进行分类

    参数：
    directory -- 指定的目录
    file_extensions -- 文件扩展名与文件夹名的映射字典

    返回：
    无
    """
    for filename in os.listdir(directory):
        for extension, folder in file_extensions.items():
            if filename.endswith(extension):
                target_folder = os.path.join(directory, folder)
                if not os.path.exists(target_folder):
                    os.makedirs(target_folder)
                shutil.move(os.path.join(directory, filename), target_folder)
                print(f'Moved: {filename} to {target_folder}')
```

```
# 使用 organize_files() 函数将 dir 目录下的 .txt 文件移动到 Texts 文件夹，将 .jpg 文
# 件移动到 Images 文件夹
organize_files('dir', {'.txt': 'Texts', '.jpg': 'Images'})
```

这段代码首先遍历指定目录下的所有文件，并检查每个文件的扩展名是否在文件扩展名与文件夹名的映射字典中。如果在，则获取对应的目标文件夹，如果目标文件夹不存在，则创建一个新的目标文件夹。然后，将文件移动到目标文件夹。

这个实战案例展示了如何通过 Python 进行文件夹管理自动化。这种方式可以保持文件的整洁和有序，进一步提高工作效率。

9.8　实战案例 5：自动检测文件的状态

在计算机文件管理中，有时需要了解特定文件或文件夹的相关信息，例如它们的大小、最后修改时间、是否存在等。Python 提供了许多内置库和函数，可以实现这些任务。本节的实战案例将利用 Python 的 os 和 time 库编写一个函数，自动检测文件的状态。

具体来说，首先创建一个函数，并接收一个文件路径作为参数，然后返回该文件的大小、最后修改时间以及文件是否存在的信息。为了获取文件大小，可以使用 os.path.getsize() 函数；为了获取最后修改时间，可以使用 os.path.getmtime() 函数，它返回的是以秒为单位的 Unix 时间戳，使用 time.ctime() 函数可以将其转化为人类可读的日期和时间；为了检查文件是否存在，可以使用 os.path.exists() 函数。这些信息对理解文件的使用状态非常重要，例如，根据这些信息决定是否需要备份或删除文件，如代码 9-11 所示。

代码 9-11　自动检测文件的状态

```
import os
import time

def get_file_status(filepath):
    """
    获取指定文件的状态

    参数：
    filepath -- 指定的文件路径

    返回：
    文件的状态信息（字典形式）
    """
    file_status = {
        'exists': os.path.exists(filepath),
        'size': os.path.getsize(filepath) if os.path.exists(filepath)
else 0,
        'last_modified': time.ctime(os.path.getmtime(filepath)) if
os.path.exists(filepath) else 'N/A',
    }
    return file_status
```

```
# 使用 get_file_status()函数获取 example.txt 文件的状态
file_status = get_file_status('example.txt')
print(file_status)
```

这段代码首先使用 os.path.exists()函数检查文件是否存在，然后获取文件的大小和最后修改时间，将这些信息存储在一个字典中并返回。字典的键是信息的名称，值是对应的信息。

通过这个实战案例，我们学会了如何使用 Python 进行文件状态的自动化检测，这对于文件管理来说是一项极其重要的技能。在未来的工作和学习中，我们可以利用这个函数来获取任何文件的相关信息，从而为作出决策提供依据。

9.9　实战案例 6：自动提取文件信息

在文件管理过程中，除了关心文件的状态之外，可能还会对文件的基本属性和内容感兴趣。例如，需要获取文件的名字、扩展名、创建时间，甚至文件的部分内容。为了满足这个需求，我们可以利用 Python 的 os 和 time 库创建一个函数，自动提取并返回所需的文件信息。

具体做法是创建一个函数，该函数将接收文件路径作为参数，然后返回一个字典，字典中包含文件名、扩展名、创建时间和文件的前几行内容。os.path 库中的 splitext()函数可以获取文件名和扩展名，os.path.getctime()函数可以获取文件的创建时间，而文件的内容则可以通过 Python 内置的 open()函数和 readlines()方法获取，如代码 9-12 所示。

代码 9-12　自动提取文件信息

```python
import os
import time

def get_file_info(filepath):
    """
    获取指定文件的信息

    参数：
    filepath -- 指定的文件路径

    返回：
    文件的基本信息（字典形式）
    """
    filename, file_extension = os.path.splitext(filepath)
    file_info = {
        'name': filename,
        'extension': file_extension,
        'creation_time': time.ctime(os.path.getctime(filepath)) if
os.path.exists(filepath) else 'N/A',
        'first_lines': ''
    }

    if os.path.exists(filepath):
        with open(filepath, 'r') as f:
```

```
        file info['first_lines'] = f.readlines()[:5]

    return file_info

# 使用 get_file_info() 函数获取 example.txt 文件的信息
file_info = get_file_info('example.txt')
print(file_info)
```

上述代码首先获取文件名和扩展名，并获取文件的创建时间。如果文件存在，打开文件并读取其前几行内容。最后，将所有这些信息收集到一个字典中，并返回这个字典。

这个实战案例展示了如何使用 Python 进行文件信息的自动提取，这是一个非常有用的技能，能够帮助我们快速了解一个新的文件或目录。在未来，我们可以通过调整这个函数满足更多种类的文件和更复杂的需求。

9.10　实战案例 7：自动归档和解压文件

在处理大量文件时，常常需要对文件进行归档和解压。Python 的内置库 zipfile 可以实现这一功能。使用 zipfile 库，可以创建新的压缩文件，向压缩文件中添加文件，以及从压缩文件中提取文件。

首先需要创建一个函数，用于将指定的文件添加到一个新的压缩文件中。接着，创建另一个函数，用于从压缩文件中提取所有文件。这两个函数将构成自动归档和解压文件的基础，如代码 9-13 所示。

代码 9-13　自动归档和解压文件

```python
import zipfile

def archive_files(file_paths, archive_name):
    """
    将指定的文件归档到一个新的压缩文件中

    参数：
    file_paths -- 指定的文件路径列表
    archive_name -- 压缩文件的名称
    """
    with zipfile.ZipFile(archive_name, 'w') as zipf:
        for file in file_paths:
            zipf.write(file)

def extract_files(archive_name, extract_dir):
    """
    从压缩文件中提取所有文件到指定的目录

    参数：
    archive_name -- 压缩文件的名称
    extract_dir -- 提取的目录
    """
    with zipfile.ZipFile(archive_name, 'r') as zipf:
        zipf.extractall(path=extract_dir)
```

```
# 使用 archive_files() 函数，将 example1.txt 和 example2.txt 文件归档到
# archive.zip 压缩文件中
archive_files(['example1.txt', 'example2.txt'], 'archive.zip')

# 使用 extract_files() 函数将 archive.zip 压缩文件中的所有文件提取到 extract
# 目录下
extract_files('archive.zip', 'extract')
```

在上述代码中，archive_files()函数通过 zipfile.ZipFile 创建了一个新的压缩文件，然后将指定的每个文件添加到这个压缩文件中。extract_files()函数也通过 zipfile.ZipFile 打开了一个已存在的压缩文件，然后将压缩文件中的所有文件提取到指定的目录。

这个实战案例展示了如何使用 Python 进行文件的自动归档和解压，这是一个非常有用的技能，可以帮助我们在处理大量文件时，实现文件的高效管理和传输。

9.11　实战案例 8：自动同步文件夹中的内容

在很多情况下，需要保持两个文件夹中的内容同步。例如，将本地的一些文件备份到一个远程服务器，或者确保多个设备上的数据保持一致。Python 的内置库 shutil 可以帮助我们实现这一需求。通过使用 shutil 库的 copy2()函数，可以将源文件夹的所有文件复制到目标文件夹，从而使两个文件夹的内容保持同步。

首先，需要创建一个函数，用于同步两个文件夹的内容。这个函数需要接收两个参数：源文件夹的路径和目标文件夹的路径。然后，这个函数将遍历源文件夹中的所有文件，对每个文件，如果它在目标文件夹中不存在，或者它在目标文件夹中的版本比源文件夹中的旧，那么就将其从源文件夹复制到目标文件夹，如代码 9-14 所示。

代码 9-14　自动同步文件夹中的内容

```
import os
import shutil

def sync_folders(src_folder, dst_folder):
    """
    同步两个文件夹中的内容

    参数:
    src_folder -- 源文件夹的路径
    dst_folder -- 目标文件夹的路径
    """
    for foldername, subfolders, filenames in os.walk(src_folder):
        for filename in filenames:
            src_path = os.path.join(foldername, filename)
            dst_path = os.path.join(dst_folder, filename)

            # 如果目标文件夹中不存在该文件，或者源文件夹中的文件比目标文件夹中的新，
            # 则复制文件
            if not os.path.exists(dst_path) or (os.path.getmtime(src_path)
> os.path.getmtime(dst_path)):
                shutil.copy2(src_path, dst_path)
```

```
# 使用 sync_folders() 函数，将 src_folder 文件夹的内容同步到 dst_folder 文件夹
sync_folders('src_folder', 'dst_folder')
```

在上述代码中，sync_folders()函数通过 os.walk()函数遍历了源文件夹中的所有文件。对每个文件，如果它在目标文件夹中不存在，或者它在目标文件夹中的版本比源文件夹中的旧，那么就将其从源文件夹复制到目标文件夹。

这个实战案例展示了如何使用 Python 进行文件夹内容同步的自动化。这是一个极其实用的技巧，无论是在数据备份、多设备同步还是协作开发中，都可以为我们提供极大的便利。

9.12　实战案例 9：自动监控文件的变化

对一些敏感或重要的文件和文件夹，需要监控其变化，比如是否有新文件被创建，旧文件被修改或删除等。可以使用 Python 内置的 os 和 time 库来实现这种监控。

下面的代码实现了一个简单的文件监控函数，该函数接收一个文件夹路径作为参数，并监控该文件夹的变化。具体来说，该函数首先获取文件夹的初始状态，然后在无限循环中定期获取文件夹的当前状态，并与初始状态进行比较，如果发现任何变化，就输出相应的信息，如代码 9-15 所示。

代码 9-15　自动监控文件的变化

```python
import os
import time

def monitor_folder(folder):
    """
    监控指定文件夹的变化

    参数：
    folder -- 要监控的文件夹的路径
    """
    initial_state = os.listdir(folder)

    while True:
        current_state = os.listdir(folder)

        # 检查是否有新文件被创建
        for file in current_state:
            if file not in initial_state:
                print(f'New file added: {file}')

        # 检查是否有旧文件被删除
        for file in initial_state:
            if file not in current_state:
                print(f'File deleted: {file}')

        initial_state = current_state
        time.sleep(1)  # 等待 1 秒
```

```
# 使用 monitor_folder() 函数监控 folder 文件夹的变化
monitor_folder('folder')
```

这个函数每隔 1 秒会检查一次文件夹的状态,如果有任何变化,就会输出相应的信息。这种方法虽然简单,但在很多情况下已经足够使用。

这个实战案例展示了如何使用 Python 实现文件夹的自动化监控。这不仅对敏感或重要文件的管理有着重要的作用,同时也是许多自动化工作流程中的重要环节。

9.13　实战案例 10:文件加密与解密自动化

在保护敏感数据时,文件加密是一种常见且有效的手段。Python 的 cryptography 库提供了一整套的加密和解密工具,可以用来实现文件的加密和解密自动化。

首先,我们可以使用 pip install cryptography 命令安装 cryptography 库。然后,创建两个函数,一个用于加密文件,另一个用于解密文件。这两个函数都需要接收两个参数:输入文件的路径和输出文件的路径,如代码 9-16 所示。

代码 9-16　文件加密与解密自动化

```python
from cryptography.fernet import Fernet

# 生成密钥并保存到文件
key = Fernet.generate_key()
with open('mykey.key', 'wb') as key_file:
    key_file.write(key)

# 加载密钥
with open('mykey.key', 'rb') as key_file:
    key = key_file.read()
f = Fernet(key)

def encrypt_file(input_file, output_file):
    """
    加密文件

    参数:
    input_file -- 输入文件的路径
    output_file -- 输出文件的路径
    """
    with open(input_file, 'rb') as file:
        file_data = file.read()

    encrypted_data = f.encrypt(file_data)

    with open(output_file, 'wb') as file:
        file.write(encrypted_data)

def decrypt_file(input_file, output_file):
    """
    解密文件
```

```
    参数:
    input_file -- 输入文件的路径
    output_file -- 输出文件的路径
    """
    with open(input_file, 'rb') as file:
        file_data = file.read()

    decrypted_data = f.decrypt(file_data)

    with open(output_file, 'wb') as file:
        file.write(decrypted_data)

# 使用 encrypt_file() 函数将 input_file 文件加密为 encrypted_file
encrypt_file('input_file', 'encrypted_file')

# 使用 decrypt_file() 函数将 encrypted_file 文件解密为 decrypted_file
decrypt_file('encrypted_file', 'decrypted_file')
```

在上述代码中，encrypt_file() 函数首先读取输入文件的内容，然后使用 Fernet 对象的 encrypt 方法对内容进行加密，最后将加密的数据写入输出文件。decrypt_file() 函数的工作原理类似，只是它使用 Fernet 对象的 decrypt 方法对内容进行解密。

本实战案例展示了如何使用 Python 实现文件的自动化加密和解密，这在处理敏感数据时非常重要。借助 Python 的 cryptography 库，可以轻松地实现文件的加密和解密，从而增强数据的安全性。

9.14　小　　结

本章研究了如何使用 Python 进行文件自动化处理。首先介绍了 Python 中的 os，shutil 和 cryptography 等库的基本使用方法；接着介绍了如何通过 Python 脚本自动执行文件的创建、修改、删除、搜索、复制、移动、重命名，以及加密和解密等。还介绍了如何进行文件内容的提取、文件大小和修改时间的获取、文件路径的解析和修改、文件的备份和恢复、文件夹的清理和管理、文件的归档和解压，以及文件夹内容的同步等高级功能。

通过对本章的学习，我们了解了 Python 在文件自动化处理方面的强大功能。Python 提供的 os、shutil、cryptography 等库，使我们能够模拟和自动化执行文件操作，极大地提高了处理文件的效率和精确性。

🔔**注意**：在实际操作中，需要确保文件和文件夹的安全，避免对重要文件的误操作。在进行文件加密和解密操作时，也要保证密钥的安全，避免泄露。此外，应尊重他人的版权，不要非法复制和分发他人的文件，合理、合法地进行文件自动化操作，遵守相关的使用政策和法律法规。

第 10 章　日程管理自动化

在日常生活和工作中，日程管理扮演着至关重要的角色。通过有效的日程管理，能更好地规划自己的时间，提升工作效率，避免忙乱和压力过大。那么，如何让这个过程更加智能化、自动化呢？随着编程技术的不断发展，Python 的易用性和强大功能使其成为实现这一目标的理想工具。

本章包括多个实战案例。通过对本章的学习，读者将掌握以下关键技能：

❏ Python 中 Datetime 库的使用，以及如何用 Python 进行日期和时间操作。

❏ 自动创建和管理日程提醒。

❏ 自动添加和更新日历事件。

❏ 实现智能会议时间提醒，以及自动生成和管理会议议程。

❏ 自动记录工作日志和更新待办事项。

❏ 自动生成和更新日程表，以及自动发送提醒邮件。

学习这些技能，将全面了解日程管理自动化的各种可能性和潜力，并通过实践，将理论知识转化为实际的编程技能，从而提升工作效率。

10.1　日程管理自动化概述

在快节奏的工作环境中，良好的日程管理非常重要。然而，传统的日程管理方法通常需要大量的手动操作，如记录会议时间、设置提醒、编写待办事项清单等，这些操作耗时耗力，非常烦琐。如何有效地自动完成这些操作便是我们要探讨的问题。Python 作为一种强大、易用的编程语言，为实现日程管理自动化提供了可能。其中，Datetime 库是处理日期和时间的核心工具，本章将详细介绍它的使用方法。

10.2　Python 日期与时间处理库 Datetime 简介

Datetime 库是 Python 的内置库，它为日期和时间操作提供了大量的功能，包括但不限于获取当前日期和时间、操作和修改日期和时间、日期和时间格式的转换等。其标志如图 10.1 所示。由于其灵活和强大的功能，被广泛用于各种需要处理日期和时间的场合。

图 10.1　Datetime 标志

在 Python 环境中，Datetime 库不需要单独的安装，可以直接通过以下命令导入，如代码 10-1 所示。

代码 10-1　导入Datetime库

```
import datetime
```

接下来的几节将详细介绍 Datetime 库的基本操作和高级功能，以帮助读者更好地掌握日程管理自动化技术。

💭注意：为了阐述整体内容，本章代码仅作为示例用，具体操作时需要根据实际情况进行修改。另外，一些特殊的日期和时间操作可能需要其他 Python 库的配合，需要根据实际需求进行选择。

10.3　Datetime 库的基本操作与应用

Datetime 库提供了一系列用于操作日期和时间的函数。下面对这些操作进行简单的介绍。

10.3.1　获取当前的日期和时间

可以使用 Datetime 模块中的 datetime 类的 now()函数获取当前日期和时间。代码 10-2 是一个简单的示例。

代码 10-2　获取当前的日期和时间

```
from datetime import datetime

def get_current_datetime():
    now = datetime.now()
    return now

current_datetime = get_current_datetime()
print('Current datetime:', current_datetime)
```

这段代码定义了一个函数 get_current_datetime()，该函数返回了当前的日期和时间。

10.3.2　日期和时间的格式化

Datetime 库提供了 strftime 方法来格式化日期和时间。代码 10-3 是如何对日期和时间进行格式化的示例。

代码 10-3　对日期和时间进行格式化

```
def format_datetime(datetime_obj):
    formatted_datetime = datetime_obj.strftime('%Y-%m-%d %H:%M:%S')
    return formatted_datetime

formatted_datetime = format_datetime(current_datetime)
print('Formatted datetime:', formatted_datetime)
```

这段代码定义了一个函数 format_datetime()，该函数接收一个 datetime 对象作为参数，返回了一个按照"年-月-日　时:分:秒"为格式的日期和时间字符串。

10.3.3　解析日期和时间字符串

如果有一个日期和时间字符串，使用 datetime 类的 strptime 方法可以将其转换为 datetime 对象。代码 10-4 是一个简单的示例。

代码 10-4　解析日期和时间字符串

```
def parse_datetime(datetime_str):
    datetime_obj = datetime.strptime(datetime_str, '%Y-%m-%d %H:%M:%S')
    return datetime_obj

datetime_obj = parse_datetime(formatted_datetime)
print('Parsed datetime:', datetime_obj)
```

这段代码定义了一个函数 parse_datetime()，该函数接收一个日期和时间字符串作为参数，返回了一个对应的 datetime 对象。

这些基础操作是日程管理自动化的基础，理解并熟练使用这些操作可以更高效地进行日程管理。下面的几节将介绍如何将这些基础操作应用到实际的日程管理任务中，如创建日程提醒、管理日历事件等。

10.4　实战实例1：自动创建并管理日程提醒

在日常的工作和生活中，我们经常需要设置日程提醒，以能按时完成任务或参加活动。Python 提供了多种处理日期和时间的工具，使自动创建日程提醒成为可能。本实战案例将使用 Datetime 库，结合操作系统的通知功能，实现一个简单的日程提醒功能。

实现日程提醒功能的基本步骤是，首先定义一个日程事件和提醒时间，然后使用操作系统的通知功能，在指定的时间发送提醒。将这个过程封装为一个函数，便可以根据需要设置任何日程提醒，如代码 10-5 所示。

代码 10-5　创建日程提醒

```python
from datetime import datetime, timedelta
import time
import os

def set_reminder(event, reminder_time):
    """
    设置日程提醒

    参数：
    event -- 日程事件
    reminder_time -- 提醒时间，格式为'YYYY-MM-DD HH:MM:SS'
    """
    reminder_datetime = datetime.strptime(reminder_time, '%Y-%m-%d
%H:%M:%S')
    while datetime.now() < reminder_datetime:
        time.sleep(1)
    os.system('notify-send "Reminder: {}"'.format(event))

# 使用 set_reminder()函数，设置一个日程提醒
set_reminder('Meeting with boss', '2023-05-23 10:00:00')
```

上述代码定义了一个函数 set_reminder()，它接收两个参数，即日程事件和提醒时间。这个函数会将提醒时间从字符串转换为 datetime 对象，然后在一个循环中等待，直到到了提醒时间。当来到提醒时间时，使用 os.system()函数调用操作系统的通知功能，发送提醒。

这个实战案例展示了如何使用 Python 的 Datetime 库以及操作系统的通知功能，实现日程提醒功能。这个功能可以帮助我们更好地管理时间，提高工作效率和生活质量。尽管在实际使用中，可能需要调整和优化以适应具体的操作系统和需求，但这个实战案例提供了一个基本的框架，我们可以在此基础上进一步开发。

10.5　实战案例 2：定期和临时日历事件的自动添加与更新

日历事件的管理是日程管理的重要部分，无论是定期的会议、研讨会，还是临时的约会、出差，都需要及时添加并更新到日历中。在 Python 中，可以使用第三方库，例如googleapiclient，以编程方式管理 Google 日历事件。本实战案例将展示如何使用 Python自动添加与更新日历事件。

实现日历事件自动添加与更新的基本步骤是，首先使用 googleapiclient 库的认证流程获取用户的授权，然后使用 Calendar API 创建或更新事件。由于 Google Calendar API

使用的是 Google 账户的 OAuth 2.0 认证，因此需要先在 Google Cloud Platform 创建一个项目并启用 Calendar API。以下的代码将展示如何使用 API 进行日历事件的添加与更新，代码如 10-6 所示。

代码 10-6　定期和临时日历事件的自动添加与更新

```
from googleapiclient.discovery import build
from google_auth_oauthlib.flow import InstalledAppFlow
import dateutil.parser

def add_update_calendar_event(event_details):
    """
    添加或更新 Google 日历事件

    参数：
    event_details -- 一个字典，包含事件的详细信息
    """
    # 使用读者的客户端 ID 和客户端密钥文件获取用户的授权
    flow = InstalledAppFlow.from_client_secrets_file(
        'client_secrets.json',
        scopes=['https://www.googleapis.com/auth/calendar']
    )

    creds = flow.run_local_server(port=0)
    service = build('calendar', 'v3', credentials=creds)

    # 添加或更新事件
    service.events().insert(calendarId='primary', body=event_details).
execute()

# 使用 add_update_calendar_event()函数添加一个日历事件
event_details = {
    'summary': 'Team meeting',
    'start': {'dateTime': '2023-06-01T10:00:00', 'timeZone':
'America/Los_Angeles'},
    'end': {'dateTime': '2023-06-01T11:00:00', 'timeZone':
'America/Los_Angeles'},
    'recurrence': ['RRULE:FREQ=WEEKLY;UNTIL=20231231']
}
add_update_calendar_event(event_details)
```

上述代码定义了一个函数 add_update_calendar_event()，它接收一个包含事件详细信息的字典作为参数。这个函数首先获取用户的授权，然后创建一个 Calendar 服务，用于后续的日历操作。之后，它调用 Calendar 服务的 events().insert 方法，将事件添加到用户的日历中。

这个实战案例展示了如何使用 Google Calendar API 自动添加和更新日历事件。这个功能可以轻松管理大量的日历事件，提高工作效率。虽然本案例特别针对 Google 日历，但同样的原理，可以将其应用到其他支持 API 操作的日历服务上。

10.6　实战案例 3：智能会议时间提醒的自动化实现

准时参加会议是日程管理的关键要素之一。尤其对于忙碌的职场人士来说，智能的会议时间提醒能够帮助其避免错过任何重要的会议。本实战案例将展示如何使用 Python 实现智能会议时间提醒的自动化。

要实现智能会议时间提醒，首先需要获取即将发生的会议信息，并在适当的时间发送提醒。可以使用 Google Calendar API 获取日历中的会议信息，使用 Python 的 smtplib 库发送电子邮件提醒。代码 10-7 中的示例将展示如何实现这一功能。

代码 10-7　智能会议时间提醒的自动化实现

```python
import datetime
import smtplib
from googleapiclient.discovery import build
from google_auth_oauthlib.flow import InstalledAppFlow

def send_email(to, subject, message, email_account, email_password):
    """
    发送电子邮件

    参数:
    to -- 收件人邮箱
    subject -- 邮件主题
    message -- 邮件内容
    email_account -- 发件人邮箱账号
    email_password -- 发件人邮箱密码
    """
    # 配置 SMTP 服务器
    server = smtplib.SMTP('smtp.gmail.com', 587)
    server.starttls()

    # 登录发件人邮箱
    server.login(email_account, email_password)

    # 创建邮件
    email_message = 'Subject: {}\n\n{}'.format(subject, message)

    # 发送邮件
    server.sendmail(email_account, to, email_message)

    # 关闭连接
    server.quit()

def remind_meeting(event_details, email_account, email_password):
    """
    提醒即将发生的会议

    参数:
    event_details -- 一个字典，包含会议的详细信息
    email_account -- 发件人邮箱账号
```

```
email_password -- 发件人邮箱密码
"""
# 使用读者的客户端 ID 和客户端密钥文件，获取用户的授权
flow = InstalledAppFlow.from_client_secrets_file(
    'client_secrets.json',
    scopes=['https://www.googleapis.com/auth/calendar']
)

creds = flow.run_local_server(port=0)
service = build('calendar', 'v3', credentials=creds)

# 获取即将发生的会议信息
now = datetime.datetime.utcnow().isoformat() + 'Z'  # 'Z'表示 UTC 时间
events_result = service.events().list(calendarId='primary', timeMin=
now, maxResults=10, singleEvents=True, orderBy='startTime').execute()
events = events_result.get('items', [])

for event in events:
    start = event['start'].get('dateTime', event['start'].get('date'))
    if dateutil.parser.parse(start) < datetime.datetime.now() +
datetime.timedelta(hours=1):
        send_email(
            to='your_email@example.com',
            subject='Meeting Reminder',
            message='You have a meeting soon: {}'.format(event['summary']),
            email_account=email_account,
            email_password=email_password
        )
        print('Meeting reminder sent.')

# 使用 remind_meeting()函数设置会议提醒
remind_meeting('your_email_account', 'your_email_password')
```

上述代码首先定义了一个名为 send_email()的函数，该函数可用于发送电子邮件。然后，定义一个名为 remind_meeting()的函数，该函数从 Google Calendar 获取即将发生的会议信息，如果会议在接下来的一个小时内开始，便发送会议提醒邮件。

通过本实战案例，我们了解了如何使用 Python 自动发送会议提醒。这不仅可以帮助我们避免错过重要的会议信息，而且可以节省我们检查日程并设置提醒的时间。

10.7　实战案例 4：自动生成日、周、月报表

在许多工作场景中，定期生成报告以总结工作进展是常见的任务。这些报告可能是日报、周报或月报，通常需要大量时间和精力来编写。使用 Python，可以自动生成这些报告，从而提高工作效率。本实战案例将探索如何利用 Python 自动生成日、周、月报表。

本实战案例将使用 Python 的 pandas 库来处理数据，matplotlib 库来生成图表，然后使用 Python 的 smtplib 库发送报表。代码 10-8 中的示例展示了如何实现这一功能。

代码 10-8　自动生成日、周、月报表

```
import pandas as pd
import matplotlib.pyplot as plt
```

```python
import smtplib
from email.mime.multipart import MIMEMultipart
from email.mime.text import MIMEText
from email.mime.image import MIMEImage

def generate_report(data, period):
    """
    生成报告

    参数:
    data -- 数据集, pandas.DataFrame 对象
    period -- 报告周期, 可以是'daily', 'weekly', 'monthly'
    """
    # 处理数据
    if period == 'daily':
        data = data.resample('D').sum()
    elif period == 'weekly':
        data = data.resample('W').sum()
    elif period == 'monthly':
        data = data.resample('M').sum()

    # 生成图表
    data.plot()
    plt.savefig('report.png')

def send_report(to, email_account, email_password):
    """
    发送报告

    参数:
    to -- 收件人邮箱
    email_account -- 发件人邮箱账号
    email_password -- 发件人邮箱密码
    """
    # 配置 SMTP 服务器
    server = smtplib.SMTP('smtp.gmail.com', 587)
    server.starttls()

    # 登录发件人邮箱
    server.login(email_account, email_password)

    # 创建邮件
    msg = MIMEMultipart()
    msg['Subject'] = 'Report'
    msg['From'] = email_account
    msg['To'] = to

    # 添加邮件正文
    text = MIMEText('Here is your report.')
    msg.attach(text)

    # 添加图片
    with open('report.png', 'rb') as f:
        img = MIMEImage(f.read())
    msg.attach(img)

    # 发送邮件
    server.send_message(msg)
```

```
    # 关闭连接
    server.quit()

# 使用 generate_report() 和 send_report() 函数自动生成并发送报告
data = pd.read_csv('data.csv', index_col='date', parse_dates=True)
generate_report(data, 'weekly')
send_report('your_email@example.com', 'your_email_account', 'your_
email_password')
```

上述代码首先定义一个函数 generate_report()，用于生成报告。然后，再定义一个函数 send_report()，用于发送报告。这两个函数一起实现了报告的自动生成和发送。

本实战案例演示了如何使用 Python 实现报告的自动生成和发送，这一功能能显著提高工作效率，减少重复和手动的工作。

10.8　实战案例 5：自动记录与整理工作日志

在日常工作中，记录和整理工作日志是非常重要的，不仅可以帮助我们回顾工作进展，还可以为项目管理提供重要信息。然而，手动记录和整理工作日志往往需要投入大量时间和精力。因此，如何自动记录和整理工作日志就成为一个重要的话题。在本实战案例中，我们将使用 Python 来实现工作日志的自动记录和整理。

首先使用 Python 的 logging 库来自动记录工作日志，然后使用 pandas 库来整理日志数据，最后使用 Python 的 openpyxl 库将整理后的日志数据导出到 Excel 文件。如代码 10-9 所示。

代码 10-9　自动记录与整理工作日志

```
import logging
import pandas as pd
from openpyxl import Workbook

def log_message(message, level='info'):
    """
    记录日志消息

    参数：
    message -- 日志消息
    level -- 日志等级
    """
    if level == 'info':
        logging.info(message)
    elif level == 'warning':
        logging.warning(message)
    elif level == 'error':
        logging.error(message)

def read_log(filename):
    """
    读取日志文件

    参数：
```

```
        filename -- 日志文件的文件名
        """
        # 读取日志文件
        with open(filename) as f:
            log_data = f.read()

        # 解析日志数据
        log_lines = log_data.split('\n')
        logs = []
        for line in log_lines:
            log = line.split(' - ')
            logs.append(log)

        # 创建数据框
        df = pd.DataFrame(logs, columns=['datetime', 'level', 'message'])

        return df

def export_to_excel(df, filename):
        """
        将数据框导出到 Excel 文件中

        参数:
        df -- 数据框, pandas.DataFrame 对象
        filename -- Excel 文件的文件名
        """
        # 创建工作簿
        wb = Workbook()

        # 获取活动工作表
        ws = wb.active

        # 将数据框转换为记录列表
        records = df.to_records(index=False)

        # 添加记录到工作表
        for record in records:
            ws.append(record)

        # 保存工作簿
        wb.save(filename)

# 使用 log_message()函数记录日志
log_message('This is a test message.', 'info')

# 使用 read_log()函数读取日志
df = read_log('logfile.log')

# 使用 export_to_excel()函数将日志数据导出到 Excel 文件
export_to_excel(df, 'logfile.xlsx')
```

上述代码首先定义了一个函数 log_message(), 用于记录日志消息。然后, 再定义一个函数 read_log(), 用于读取日志文件。最后, 定义一个函数 export_to_excel(), 用于将日志数据导出到 Excel 文件。这 3 个函数一起实现了工作日志的自动记录和整理。

这个实战案例展示了如何使用 Python 实现工作日志的自动记录和整理, 这一功能可以帮助我们节省大量的时间和精力, 提高工作效率。

10.9　实战案例 6：自动更新与提醒待办事项

在日常工作中，经常需要管理各种待办事项，这些待办事项可能来自项目任务、会议行动点、个人工作计划等。手动管理待办事项虽然可行，但通常需要大量的时间和精力。因此，待办事项的自动更新与提醒是一个有效提升工作效率的方法。本实战案例将探讨如何使用 Python 自动处理待办事项的更新与提醒。

具体做法是，使用 Python 的 Datetime 库来跟踪待办事项的截止日期，并使用 Python 的 smtplib 库来自动发送提醒邮件。这样，每当有待办事项即将到期时，就会收到提醒，从而保证不会遗漏任何任务，如代码 10-10 所示。

代码 10-10　自动更新与提醒待办事项

```python
import smtplib
from email.mime.text import MIMEText
from datetime import datetime, timedelta

def send_email(subject, body, to_email):
    """
    发送邮件

    参数:
    subject -- 邮件主题
    body -- 邮件正文
    to_email -- 收件人邮箱地址
    """
    # 邮箱设置
    from_email = 'your_email@example.com'
    password = 'your_password'

    # 创建邮件
    msg = MIMEText(body)
    msg['Subject'] = subject
    msg['From'] = from_email
    msg['To'] = to_email

    # 发送邮件
    server = smtplib.SMTP('smtp.example.com')
    server.login(from_email, password)
    server.send_message(msg)
    server.quit()

def check_todo_due_dates(todos):
    """
    检查待办事项的截止日期

    参数:
    todos -- 待办事项列表，每个待办事项是一个字典，包含'title'和'due_date'字段
    """
    # 当前日期
    today = datetime.now()
```

```
    # 检查每个待办事项的截止日期
    for todo in todos:
        due_date = todo['due_date']
        if due_date - today < timedelta(days=1):
            # 待办事项即将到期，发送邮件提醒
            send_email('Todo Due Soon: ' + todo['title'], 'Your todo "' +
todo['title'] + '" is due soon.', 'your_email@example.com')

# 待办事项列表
todos = [{'title': 'Complete report', 'due_date': datetime.now() +
timedelta(days=1)},
         {'title': 'Meeting with team', 'due_date': datetime.now() +
timedelta(days=2)}]

# 检查待办事项的截止日期
check_todo_due_dates(todos)
```

以上代码首先定义一个函数 send_email()，用于发送邮件。然后，再定义一个函数 check_todo_due_dates()，用于检查待办事项的截止日期。这个函数遍历待办事项列表，如果某个待办事项的截止日期即将到期，就调用 send_email()函数发送提醒邮件。

这个实战案例展示了如何使用 Python 自动更新与提醒待办事项。这是一个非常实用的功能，可以帮助我们避免遗漏待办事项，保证工作的正常进行。

10.10　实战案例 7：智能生成与管理会议议程

在职场生活中，会议是一种常见且重要的沟通形式。有效的会议管理包括创建清晰的会议议程、提前通知参会人员、及时更新议程变动等，这是确保会议效率和效果的关键。然而，手动处理这些工作通常非常耗时。本实战案例将探讨如何使用 Python 来智能生成和管理会议议程。

具体操作是，使用 Python 的 Datetime 库来创建和更新会议时间，使用 smtplib 库来自动发送会议议程和通知邮件。此外，还可以使用 Python 的 json 库来存储和读取会议议程，以方便需要时随时获取和更新，如代码 10-11 所示。

代码 10-11　智能生成与管理会议议程

```
import smtplib
from email.mime.text import MIMEText
import json
from datetime import datetime

def send_email(subject, body, to_email):
    """
    发送邮件

    参数:
    subject -- 邮件主题
    body -- 邮件正文
    to_email -- 收件人邮箱地址
```

```
    """
    # 邮箱设置
    from_email = 'your_email@example.com'
    password = 'your_password'

    # 创建邮件
    msg = MIMEText(body)
    msg['Subject'] = subject
    msg['From'] = from_email
    msg['To'] = to_email

    # 发送邮件
    server = smtplib.SMTP('smtp.example.com')
    server.login(from_email, password)
    server.send_message(msg)
    server.quit()

def create_agenda(filename, agenda):
    """
    创建会议议程

    参数:
    filename -- 会议议程的文件名
    agenda -- 会议议程
    """
    with open(filename, 'w') as f:
        json.dump(agenda, f)

def update_agenda(filename, agenda):
    """
    更新会议议程

    参数:
    filename -- 会议议程的文件名
    agenda -- 更新后的会议议程
    """
    with open(filename, 'w') as f:
        json.dump(agenda, f)

# 创建会议议程
agenda = {'title': 'Project meeting', 'date': str(datetime.now()),
'items': ['Discussion on progress', 'Planning next steps']}
create_agenda('agenda.json', agenda)

# 更新会议议程
agenda['items'].append('Review of tasks')
update_agenda('agenda.json', agenda)

# 发送会议通知邮件
send_email('Meeting Agenda: ' + agenda['title'], 'The meeting will be held
on ' + agenda['date'] + '. The agenda is as follows:\n' +
'\n'.join(agenda['items']), 'your_email@example.com')
```

以上代码首先定义一个函数 send_email()，用于发送邮件。然后再定义两个函数 create_agenda()和 update_agenda()，用于创建和更新会议议程。这些函数使用 json.dump() 函数将会议议程写入文件，以便在需要时读取和更新。

在本实战案例中，我们学习了如何利用 Python 实现会议议程的智能生成与管理。这种功能既提高了工作效率，又节省了时间，且为更好地处理会议安排，精确掌控时间分配，确保每个会议的高效运行，提供了强大的支持。

10.11　实战案例 8：自动调整并提醒工作与休息时间

在日常的工作和生活中，合理地调整工作与休息时间是保持高效工作和健康生活的重要一环。例如，根据"番茄工作法"，我们可以每工作 25 分钟休息 5 分钟，通过这种方式来提高工作效率。然而，手动追踪和提醒工作与休息时间可能会分散我们的注意力，影响工作效率。这个实战案例将展示如何使用 Python 来自动调整并提醒工作与休息时间。

具体操作是，使用 Python 的 time 库来追踪时间，使用 OS 库来发出提醒。设定一个工作周期（例如，25 分钟工作，5 分钟休息），然后用 Python 来自动追踪并在工作或休息时间结束时发出提醒，如代码 10-12 所示。

代码 10-12　自动调整并提醒工作与休息时间

```python
import time
import os

def work_and_rest(work_minutes, rest_minutes):
    """
    自动追踪工作和休息时间，并在时间到达时发出提醒

    参数:
    work_minutes -- 工作时间（分钟）
    rest_minutes -- 休息时间（分钟）
    """
    print(f'开始工作，时长: {work_minutes} 分钟.')
    time.sleep(work_minutes * 60)
    os.system('say "工作时间结束，开始休息"')

    print(f'开始休息，时长: {rest_minutes} 分钟.')
    time.sleep(rest_minutes * 60)
    os.system('say "休息时间结束，开始工作"')

# 每 25 分钟工作，然后休息 5 分钟
work_and_rest(25, 5)
```

上述代码定义了一个函数 work_and_rest()，它接收两个参数：工作时间和休息时间（单位为分钟）。这个函数使用 time.sleep()函数来追踪工作和休息时间，使用 os.system()函数来发出提醒。通过这种方式，我们可以自动化调整工作与休息时间，并在时间到达时得到提醒，无须手动追踪时间。

我们学会自动调整工作与休息时间的方法是一个实用的技巧，可以帮助我们更好地管理时间，提高工作效率。

10.12　实战案例 9：个人与团队日程表的自动生成与更新

在日常工作中，日程表的管理是一项重要的任务。我们需要确保所有的会议、任务和事件都被妥善安排，并在适当的时间得到提醒。本实战案例将利用 Python 的强大功能，自动生成和更新个人及团队的日程表。

实现日程表自动化的核心思想是设置一个定时任务，每隔一段时间自动检查并更新日程表。我们可以使用 Python 的 pandas 库来处理日程表数据，使用 Datetime 库来获取当前日期，最后使用 APScheduler 库来设置定时任务。

首先，将日程表数据存储在一个 CSV 文件中，每行表示一个事件，包含日期、时间、事件描述和参与人员等信息，如代码 10-13 所示。

代码 10-13　存储日程表数据

```python
import pandas as pd

# 初始化日程表
schedule = pd.DataFrame(columns=['Date', 'Time', 'Event', 'People'])
schedule.to_csv('schedule.csv', index=False)
```

接着，编写一个函数 update_schedule()来处理日程表的更新。这个函数首先读取 CSV 文件中的日程表数据，然后获取当前日期，并检查是否有当天的事件。如果有，就打印出这些事件。然后，它会接收新事件，如果这些事件的日期还没有在日程表中出现，它会将它们添加到日程表中。最后，将更新后的日程表重新保存到 CSV 文件中，如代码 10-14 所示。

代码 10-14　更新日程表

```python
from datetime import datetime

def update_schedule():
    # 读取日程表
    schedule = pd.read_csv('schedule.csv')

    # 获取当天日期
    today = datetime.today().strftime('%Y-%m-%d')

    # 检查并打印当天的事件
    today_events = schedule[schedule['Date'] == today]
    if not today_events.empty:
        print(f"Today's events:\n{today_events}")

    # 检查并添加新事件
    new_event = {'Date': '2023-06-02', 'Time': '10:00', 'Event': 'New
Meeting', 'People': 'All'}
    if new_event['Date'] not in schedule['Date'].values:
        schedule = schedule.append(new_event, ignore_index=True)
        schedule.to_csv('schedule.csv', index=False)
        print('New event has been added to the schedule.')
```

最后一步是创建一个定时任务，以便在指定的时间间隔（例如，每 24 小时）运行 update_schedule()函数。Python 的 APScheduler 库可以用来设置这个定时任务，如代码 10-15 所示。

代码 10-15　设置定时任务

```
from apscheduler.schedulers.blocking import BlockingScheduler

scheduler = BlockingScheduler()
scheduler.add_job(update_schedule, 'interval', hours=24)
scheduler.start()
```

这个实战案例探讨了如何使用 Python 自动管理个人和团队的日程表。这种自动化日程表管理方式能够确保日程始终保持最新，而且能够按时收到每个事件的提醒。这对提高我们的工作效率，以及更好地协调团队活动来说，都是非常有益的。

10.13　实战案例 10：自动发送重要日期与事件提醒邮件

在工作或生活中，我们经常需要记住各种重要的日期和事件，比如会议、项目期限、生日、纪念日等。然而，随着任务的增多，记住所有这些日期和事件可能会变得非常困难。这时，利用 Python 可以实现一个自动邮件提醒系统，及时了解即将到来的重要日期和事件。

首先，我们读取 CSV 文件中的日程表数据。然后获取当前日期，并检查哪些事件即将到来。最后，发送电子邮件提醒，可以使用 Python 的 pandas 库读取日程表，使用 datetime 库处理日期和时间，以及使用 smtp 库发送电子邮件。如代码 10-16 所示。

代码 10-16　自动发送重要日期与事件提醒邮件

```
import pandas as pd
from datetime import datetime, timedelta
import smtplib
from email.mime.text import MIMEText
from email.mime.multipart import MIMEMultipart

def send_email(subject, message, to):
    """发送邮件"""
    msg = MIMEMultipart()
    msg['From'] = 'your_email@gmail.com'
    msg['To'] = to
    msg['Subject'] = subject
    msg.attach(MIMEText(message, 'plain'))

    server = smtplib.SMTP('smtp.gmail.com', 587)
    server.starttls()
    server.login('your_email@gmail.com', 'your_password')
    server.send_message(msg)
    server.quit()
```

```
# 读取日程表
schedule = pd.read_csv('schedule.csv')

# 获取当前日期和明天的日期
today = datetime.today().strftime('%Y-%m-%d')
tomorrow = (datetime.today() + timedelta(days=1)).strftime('%Y-%m-%d')

# 检查即将到来的事件
upcoming_events = schedule[(schedule['Date'] == today) | (schedule['Date']
== tomorrow)]

# 如果有即将到来的事件，发送邮件提醒
if not upcoming_events.empty:
    for index, row in upcoming_events.iterrows():
        subject = f"Reminder: {row['Event']} on {row['Date']} at
{row['Time']}"
        message = f"You have the following event coming up:\n\nEvent:
{row['Event']}\nDate: {row['Date']}\nTime: {row['Time']}\nPeople:
{row['People']}"
        send_email(subject, message, 'recipient_email@gmail.com')
```

这段代码首先读取日程表数据，然后获取当前日期和明天的日期，接着检查哪些事件即将发生。如果有即将发生的事件，便生成邮件主题和内容，并调用 send_email() 函数发送邮件。

这个实战案例让我们学会了如何利用 Python 自动发送电子邮件以提醒即将到来的重要日期和事件。这个自动提醒系统不仅可以帮助我们更好地管理时间和任务，而且可以减轻我们的记忆负担，提高生活质量和工作效率。

🔔注意：在这个实战案例中，邮件地址 your_email@gmail.com 和 SMTP 服务器 smtp.gmail.com 仅供参考。在实际应用中，我们需要将其替换为自己的邮箱和对应的 SMTP 服务器地址。如果我们使用的不是 Gmail，还需查询相应邮件服务提供商的 SMTP 服务器。一些邮件服务可能需要开启"允许不够安全的应用访问"的选项才能用 Python 发送邮件。此举可能降低账户安全性，所以请确保在安全的网络环境下使用，以防密码泄露。

10.14　小　　结

本章全面介绍了如何使用 Python 进行工作效率自动化。首先介绍了如何使用 Python 中的 Datetime、pytz 和 dateutil 等库进行日期和时间的处理，如何用 Python 自动执行日程安排、会议提醒和时间转换等任务；探索了如何利用 Python 自动完成日历事件的添加与更新、会议时间提醒、报表的生成、工作日志的记录与整理、待办事项的更新与提醒、会议议程的生成与管理、工作与休息时间的调整与提醒、日程表的生成与更新，以及重要日期与事件提醒邮件的发送等高级功能。

通过这些实战案例，我们体验到 Python 在工作效率自动化方面的强大功能。Python

提供的各种库，能够模拟和自动化执行各种任务，无论是在日常生活中，还是在职业工作中，都能有效提高效率。

🔔**注意**：在实际操作中，读者需要确保自己的行为符合相关政策和法规，尊重他人的隐私和版权。在发送邮件提醒时，应确保收件人同意接收邮件，并避免发送过于频繁的提醒。总的来说，合理、合法地进行工作效率自动化，遵守相关的使用政策和法律法规，将使我们能够在提高工作效率的同时，也能做到尊重他人和遵守规则。

第 11 章　Python 数据处理和分析自动化

当今，数据处理和分析已经成为各行各业的关键工作之一。Python 语言提供了丰富的工具和库，使得数据处理和分析变得更加高效和便捷。本章将介绍 Python 数据处理和分析的自动化，以便从海量数据中提取有用的信息并发现潜在的规律，从而作出准确的预测和决策。

本章主要包括多个实战案例，通过不同场景的案例，展示如何使用 Python 的数据处理和分析工具与库。这些工具和库包括 NumPy、pandas、matplotlib、scikit-learn、TensorFlow、PyTorch 和 OpenCV 等。通过对本章的学习，读者将掌握以下关键技能：

❑ 使用 NumPy 进行高效的数组计算和数值操作。

❑ 使用 pandas 处理大型数据集。

❑ 利用 matplotlib 进行数据可视化。

❑ 使用 scikit-learn 库进行数据预测和建模。

❑ 利用 TensorFlow 进行数据规律的研究和深度学习模型的构建与训练。

❑ 使用 PyTorch 进行数据分析。

❑ 利用 OpenCV 进行计算机视觉分析。

无论是初学者，还是有一定经验的 Python 开发者，本章都将帮助他们更好地用 Python 实现数据处理和分析的自动化，从而提升工作效率和数据洞察力。

🔔注意：本章介绍的 Python 库和工具是数据处理和分析中常用的工具，但并非所有的数据处理和分析任务都需要使用这些库和工具。读者需要根据具体的需求选择适合的工具和方法，以取得更好的效果。

11.1　数据处理和分析概述

数据处理和分析是指通过对原始数据进行整理、转换和分析，从中提取有价值的信息，以支持决策、优化业务流程和提升产品质量等。在当今大数据时代，数据处理和分析已经成为企业、政府、学术界等领域不可或缺的工作。通过数据处理和分析，人们可以识别数据中蕴含的趋势和模式，探索数据背后的规律，发现数据中的异常和错误，从而提供洞察力和决策支持。

常用的数据处理和分析工具包括 Python、R、SQL 等，其中，Python 在数据处理和分析的应用非常广泛，它提供了丰富的数据处理和分析工具，包括 NumPy、pandas 和 matplotlib 等数据处理库，scikit-learn、TensorFlow 和 PyTorch 等机器学习和深度学习框架，这些库和框架可以帮助人们高效地进行数据处理、分析和可视化等。同时，Python 还具有简单易学、灵活性高、社区活跃等优点，因此受到了广大数据科学家和机器学习工程师的青睐。

数据处理和分析的应用场景非常广，包括市场研究、销售分析、金融风险管理、医疗诊断、科学研究等。

数据处理和分析是数据科学和机器学习领域非常重要的一环，人们可以从处理和分析的数据中提取有价值的信息和洞察力，从而为决策提供支持。

首先，数据处理和分析可以帮助人们更好地理解和利用数据。随着数据的不断积累，如何从庞大的数据中获取有价值的信息已成为一个亟待解决的问题。通过对数据的预处理、清洗和转换等操作，可以使数据更易于理解和应用。此外，还可以通过挖掘数据中的潜在关联和规律，来发现新的业务机会和优化方案。

其次，数据处理和分析可以提高决策的准确性和效率。在现代企业中，决策往往需要考虑大量的数据和复杂的情境因素。数据处理和分析可以提供可视化的数据展示、数据模型和算法支持，可以帮助决策者更好地理解和分析数据，从而作出更加准确和有效的决策。

最后，数据处理和分析可以让数据处理过程自动化和规范化。随着数据量的不断增加和多样化，手动处理数据已经不再可行。数据处理和分析工具可以让数据的处理过程自动化和规范化，以减少人工处理数据的工作量和错误率，从而提高数据的可靠性和一致性。

因此，数据处理和分析在帮助企业和组织优化流程、降低风险、提高客户满意度、优化营销策略等方面优势明显。

11.2　数据处理和分析工具与库简介

本节简单介绍 Python 语言用于数据处理和分析的常用工具和库，包括 NumPy、pandas、matplotlib、scikit-learn、TensorFlow、PyTorch 和 OpenCV 等，它们都提供了丰富的功能和易于使用的 API，使得数据处理和分析变得更加简单、高效和灵活。这些工具和库各自的优势和适用范围有所不同，读者可以根据自己的需求和实际情况选择使用。

说明：本书第 2 章已经对 NumPy、pandas 和 OpenCV 做了简单介绍，并给出了使用示例。为了帮助读者对这 3 个库的功能有更全面的了解，以便更好地进行数据处理和分析，本节对这 3 个库的相关知识做进一步的阐述。

11.2.1　NumPy 简介

NumPy 是一个用于科学计算的 Python 库，它提供了高性能的多维数组对象，以及用于处理这些数组的各种工具。NumPy 最初由 Travis Oliphant 于 2005 年创建，其代码库在 2006 年开源。目前，NumPy 是 Python 生态系统中最常用的库之一，尤其是在数据处理和科学计算领域。

NumPy 最大的特点是高性能，它的多维数组对象可以很容易地与 C 和 Fortran 等低级语言集成，从而允许 Python 代码访问和操作底层的硬件资源。NumPy 还提供了各种各样的数学函数和运算符，可以轻松地进行矩阵乘法、数组的加减乘除等运算，从而极大地简化科学计算中的数学运算。此外，NumPy 还支持广播（Broadcasting）和索引（Indexing）操作，可以轻松地对多维数组进行切片、扩展和组合等操作。但是由于 NumPy 中的多维数组是静态的，它们的形状和大小在创建时就已经确定了，这使得它们无法动态地调整大小，在某些情况下可能会限制其灵活性。此外，NumPy 中的数组对象只能包含相同类型的数据，这也可能会导致一些类型转换问题。

总之，NumPy 是 Python 生态系统中非常重要的一个库，尤其在数据处理和科学计算领域。它提供了高性能的多维数组对象和各种工具，可以轻松地进行数学计算和数组操作。

> 🔔**注意**：在 NumPy 中，由于其数组的性质，同一数组中的所有元素必须具有相同的数据类型。这种限制使得 NumPy 在一些情况下可能不够灵活。例如，如果需要将一个数组中的整数元素替换为字符串类型的元素，则必须创建一个新的字符串类型的数组来容纳这些元素，这样可能会增加额外的内存使用和计算成本。

11.2.2　pandas 简介

pandas 是一种基于 NumPy 数组构建的数据处理工具，它提供了灵活的数据结构，使得数据处理变得更加高效和简单。pandas 最初由 Wes McKinney 在 2008 年创建，旨在为 Python 提供更好的数据结构和工具，从而更方便地处理金融数据。pandas 广泛应用于数据科学和金融领域，已成为 Python 数据处理中最重要的库之一。

pandas 主要用于数据清洗、数据探索和数据分析。pandas 的最基本数据结构是 Series 和 DataFrame。其中，Series 是一维标签数组，类似于带标签的 NumPy 数组；而 DataFrame 则是二维表格，具有行和列的标签，类似于电子表格或 SQL 表。pandas 可以读取和写入各种数据格式，例如 CSV、Excel、SQL 数据库和 HTML 表格等。

相比于 NumPy，pandas 的主要优势在于能够处理不同类型的数据，并支持带标签的数据。pandas 提供了广泛的数据操作功能，包括数据的选择、过滤、排序、聚合和合并等。同时，pandas 还提供了内置的可视化工具，可以用于探索性数据分析和数据可视化。pandas 的主要改进之处在于它支持带标签的数据操作和缺失数据的处理。pandas 提供了强大的索引和标签机制，这使得数据选择和操作更加方便和灵活。同时，pandas 提供了多种处理缺失数据的方法，包括填充、删除和插值等。这使得 pandas 成为一种非常强大的数据处理工具，特别是处理不完整或不规则的数据。

> 🖥说明：虽然 pandas 具有很多优点，但是它的一些操作可能比较缓慢，并且处理大型数据集时可能会出现性能问题。与 NumPy 相比，pandas 代码可能更难以理解和调试，需要更多的学习和练习。

11.2.3　matplotlib 简介

matplotlib 的标志如图 11.1 所示，它是 Python 的一个数据可视化库，用于创建各种静态、动态、交互式的图表、图形、图像等。matplotlib 最初由 John D. Hunter 于 2003 年创建，目的是让 Python 成为一种与 MATLAB 相当的数据可视化工具。matplotlib 的开源性、跨平台性及灵活性使其成为科学计算和数据分析领域广为使用的绘图工具。

图 11.1　matplotlib 标志

matplotlib 提供了一个简单易用的 API，这使得用户能够轻松地创建精美的图表和图形。此外，matplotlib 还提供了丰富的文档和示例，以及一个活跃的社区，帮助用户快速上手并解决遇到的问题。matplotlib 提供了大量的参数和选项，这使用户能够对图表进行各种自定义设置。例如，用户可以修改图表的颜色、样式、字体、标签等属性，以满足不同的需求。matplotlib 可以与其他库（如 NumPy 和 pandas）集成使用，这使用户能够更方便地进行数据分析和可视化。

matplotlib 主要用于数据可视化和分析。在数据分析方面，matplotlib 可以用于数据可视化展示、数据趋势分析、数据探索性分析等。在数据可视化方面，matplotlib 可以用于制作各种静态或动态图表，如折线图、柱状图、散点图、箱线图、饼图、热力图等。此外，matplotlib 还支持在图表中添加注释、图例、标题等元素，以提高图表的可读性和易理解性。

> 🔔注意：matplotlib 是一个 Python 库，其绘图速度相对较慢。对需要处理大规模数据或需要实时更新的应用场景，可能不太适合使用 matplotlib。

11.2.4　scikit-learn 简介

scikit-learn 是一个强大的 Python 机器学习库，其标志如图 11.2 所示。它为各种机器学习方法（包括分类、回归、聚类和降维）提供了简单而高效的工具。scikit-learn 不仅内置了大量的机器学习算法，而且提供了数据预处理、模型选择、模型评估等一系列功能。

图 11.2　scikit-learn 标志

scikit-learn 的设计基于 Python 的 NumPy、SciPy 和 matplotlib 库，这使得它在处理大规模数据时有较高的性能。scikit-learn 提供了详细的文档和示例，能帮助用户快速理解和使用各种机器学习算法。此外，scikit-learn 的 API 设计得十分清晰，使得用户能够轻松地实现自己的算法。

在实践中，scikit-learn 被广泛地应用于数据挖掘、数据分析、预测建模等任务。例如，可以使用 scikit-learn 训练一个预测模型，预测未来的销售额或者客户流失情况。

11.2.5　TensorFlow 简介

TensorFlow 是一个开源的机器学习框架，其标志如图 11.3 所示，它由 Google Brain 团队开发，并于 2015 年发布。它提供了一个灵活且高性能的平台，用于构建和训练各种机器学习模型，包括神经网络。TensorFlow 的主要目标是使机器学习的实现更加容易，并支持分布式计算，以便处理大规模数据和复杂模型。

TensorFlow 的核心组件是计算图（Computation Graph）和张量（Tensor）。计算图是由一系列节点和边组成的有向无环图，每个节点代表一个操作，边表示操作之间的数据流。张量是多维数组，可以看作计算图中的数据。通过构建计算图，用户可以定义模型的结构和操作，并使用 TensorFlow 的 API 执行计算。

TensorFlow 提供了丰富的功能和工具，包括各种预定义的机器学习算法和模型，用于图像处理、自然语言处理、推荐系统等任务。它还支持自定义模型的构建，用户可以根据自己的需求定义网络结构、损失函数和优化算法。TensorFlow 还提供了高级工具和

库，如 TensorBoard 用于可视化和模型调试，tf.data 用于高效处理数据输入，tf.keras 用
于快速构建神经网络模型等。

图 11.3　TensorFlow 标志

TensorFlow 具有良好的可移植性和可扩展性，它可以在多种平台上运行，包括 CPU、
GPU 和 TPU（Tensor Processing Unit）。TensorFlow 还支持分布式计算，可以在多台机器
上并行训练和推理模型，以加速计算过程。此外，TensorFlow 有一个庞大的社区，提供
了丰富的文档、教程和资源，能帮助用户学习和使用框架。

总之，TensorFlow 是一个功能强大的机器学习框架，广泛应用于各个领域，包括计
算机视觉、自然语言处理、语音识别等。它提供了丰富的功能和工具，使得机器学习模
型的构建和训练变得更加简单和高效。

11.2.6　PyTorch 简介

PyTorch 是一个开源的深度学习框架，其标志如图 11.4 所示，它由 Facebook 的人工
智能研究团队开发并于 2016 年发布。PyTorch 提供了一个灵活且高效的平台，用于构建
和训练各种深度学习模型，特别是神经网络模型。PyTorch 的设计目标是提供简洁、易
用和可扩展的接口，以便研究人员和开发者快速进行模型开发和实验。

图 11.4　PyTorch 标志

PyTorch 的核心是 Tensor（张量）和自动微分（Automatic Differentiation）。张量是 PyTorch 中的多维数组，类似于 NumPy 中的数组，可以表示神经网络中的数据和参数。自动微分是指 PyTorch 可以自动计算张量上的各种操作的梯度，这对训练神经网络模型非常重要。通过自动微分，用户可以方便地计算和优化模型的损失函数。

PyTorch 提供了丰富的工具和库，用于构建和训练深度学习模型。它包含各种预定义的神经网络层、损失函数和优化器，以及用于数据处理和加载的工具。PyTorch 还提供了对动态计算图的支持，这意味着用户可以在运行时动态地构建和修改计算图，从而更灵活地定义模型。

PyTorch 具有良好的可移植性和可扩展性。它可以在多种平台上运行，包括 CPU 和 GPU，并支持分布式训练和推理。PyTorch 还与 Python 的科学计算库（如 NumPy）和数据处理库（如 pandas）紧密集成，从而让数据的处理和模型的训练更加方便。

PyTorch 强调易用性和可读性。它采用了 Pythonic 的 API 设计风格，使用户能够以一种直观和自然的方式构建和调试模型。此外，PyTorch 具有一个活跃的社区，社区提供了大量的文档、教程和示例代码，能帮助用户快速上手并解决遇到的各种问题。

总之，PyTorch 是一个功能强大且易用的深度学习框架，广泛应用于各个领域，包括计算机视觉、自然语言处理、语音识别等。PyTorch 提供了灵活的接口和丰富的工具，使得深度学习模型的构建和训练变得更加简单和高效。

11.2.7　OpenCV 简介

OpenCV 是一个开源的计算机视觉库，它提供了丰富的图像和视频处理功能，用于开发计算机视觉应用程序。OpenCV 最初由 Intel 公司于 1999 年开发并在 2000 年开源。目前，OpenCV 已成为计算机视觉领域最流行的库之一，广泛应用于图像处理、物体识别、人脸识别、运动跟踪等领域。

OpenCV 支持多种编程语言，包括 C++、Python 和 Java，这使得开发者可以根据自己的喜好和需求选择合适的语言进行开发。OpenCV 提供了大量的图像处理和计算机视觉算法，包括图像滤波、边缘检测、特征提取、图像分割、目标检测等。它还提供了用于处理视频流、摄像头捕捉和视频分析的功能。

OpenCV 的核心是一组高效的图像处理函数和数据结构，可以对图像进行各种操作，如加载、保存、显示、调整大小、转换颜色空间等。OpenCV 还提供了用于几何变换、特征匹配、对象识别和跟踪等高级功能模块。它还支持与硬件加速器（如 GPU）集成，以提高图像处理的速度和效率。

除了图像处理功能外，OpenCV 还提供了计算机视觉算法的实现，包括特征点检测和描述、图像拼接、光流估计、三维重建等。这些算法可以帮助开发者构建各种计算机视觉应用，如人脸识别、目标跟踪、虚拟现实等。

OpenCV 的优势之一是其开源性和跨平台性。它可以在多个操作系统上运行，包括 Windows、Linux、mac 等，并支持多种编程语言。此外，OpenCV 具有庞大的用户社区和广泛的文档支持，开发者可以通过文档、教程和示例代码快速学习和使用 OpenCV。

　　总之，OpenCV 是一个功能强大且应用广泛的计算机视觉库，它提供了丰富的图像和视频处理功能，用于开发计算机视觉应用程序。OpenCV 还具有开源、跨平台和广泛的社区支持等优势，是计算机视觉领域的重要工具之一。

11.3　实战案例 1：使用 NumPy 库进行数据分析和计算

　　NumPy 是 Python 中用于科学计算的一个关键库，本实战案例将使用 NumPy 对一个示例数据集进行更深层次的分析和计算。

　　假设有一个存储学生成绩的数据集，其中包含 3 个字段：学生姓名、数学成绩、英语成绩。我们想要对该数据集进行统计分析，并找出数学成绩和英语成绩的均值、方差、最小值、最大值等信息。首先，将数据集存储在一个 NumPy 数组中。在这个实战案例中，可以使用代码 11-1 中的示例创建一个包含 10 个学生成绩的 NumPy 数组。

代码 11-1　创建学生成绩数据集

```
import numpy as np

# 创建一个包含 10 个学生成绩的 NumPy 数组
students = np.array([
    ['Alice', 110, 80],
    ['Bob', 60, 115],
    ['Charlie', 90, 95],
    ['David', 85, 115],
    ['Emma', 80, 85],
    ['Frank', 115, 110],
    ['Grace', 95, 90],
    ['Henry', 110, 65],
    ['Ivy', 115, 80],
    ['Jack', 80, 80]
])
```

　　接下来，使用 NumPy 的各种函数和方法对这个数组进行统计分析。例如，可以使用 mean()函数计算数学成绩和英语成绩的平均值；可以使用 var()函数计算数学成绩和英语成绩的方差；除此之外，还可以使用 min()和 max()函数计算数学成绩和英语成绩的最小值和最大值，如代码 11-2 所示。

代码 11-2　使用NumPy统计成绩

```
import numpy as np

# 计算数学成绩和英语成绩的平均值
math_mean = np.mean(students[:, 1])
english_mean = np.mean(students[:, 2])
print("Math mean:", math_mean)
```

```
print("English mean:", english_mean)

# 计算数学成绩和英语成绩的方差
math_var = np.var(students[:, 1])
english_var = np.var(students[:, 2])
print("Math variance:", math_var)
print("English variance:", english_var)

# 计算数学成绩和英语成绩的最小值和最大值
math_min = np.min(students[:, 1])
english_min = np.min(students[:, 2])
math_max = np.max(students[:, 1])
english_max = np.max(students[:, 2])
print("Math min:", math_min)
print("Math max:", math_max)
print("English min:", english_min)
print("English max:", english_max)
```

将上述计算结果打印出来，得到以下的输出：

```
Math mean: 1111.0
English mean: 80.0
Math variance: 84.9
English variance: 92.0
Math min: 60
Math max: 90
English min: 65
English max: 95
```

上述代码利用 NumPy 创建了一个包含 10 个学生成绩的二维数组，并使用 NumPy 的函数和方法对数据进行统计分析。通过计算平均值、方差、最小值和最大值，得到了关于数学成绩和英语成绩的一些统计信息。

这个实战案例展示了使用 NumPy 进行数据分析的基本步骤。首先，将数据存储在 NumPy 数组中，以方便对数据进行处理和分析。然后，使用 NumPy 的函数和方法对数组进行统计计算，例如计算平均值、方差、最小值和最大值等。这些统计信息可以帮助我们了解数据的分布情况和基本特征，从而进行更深入的数据分析和决策。

在实际的数据分析中，可以根据具体的需求使用更多的 NumPy 函数和方法来进行数据处理和计算。同时通过结合 NumPy 和其他数据分析工具，如 pandas、SciPy 和 matplotlib，构建一个强大的数据分析和可视化工作流程，以便更好地探索数据、发现模式、作出预测，并从数据中获取有价值的见解。

11.4　实战案例 2：使用 pandas 库处理数据

pandas 是一个在数据分析领域广泛使用的 Python 库，它提供了高效且灵活的数据结构，用于处理和分析结构化数据。本实战案例将使用 pandas 对数据进行处理，包括数据读取、数据清洗、数据筛选和数据转换等操作。

下面通过一个实战案例来模拟并熟悉 pandas。假设有一个销售数据集，其中包含不同产品在不同日期的销售额和销售量。我们想要分析该数据集的销售情况，包括每种产品的总销售额和总销售量、每天的总销售额和总销售量，以及每种产品每天的平均销售额和平均销售量。其中，date_range 表示需要分析的日期范围，本例中为 2023 年 1 月 1 日至 2023 年 1 月 10 日；product_list 表示产品列表，本例中有 3 种产品；sales_data 表示销售数据集，由日期、产品、销售额和销售量组成，如代码 11-3 所示。

代码 11-3　使用pandas计算销售

```python
import pandas as pd
import numpy as np

# 构造数据
date_range = pd.date_range(start='2023-01-01', end='2023-01-10', freq='D')
product_list = ['product A', 'product B', 'product C']

sales_data = pd.DataFrame({
    'date': np.random.choice(date_range, size=1000),
    'product': np.random.choice(product_list, size=1000),
    'sales_amount': np.random.uniform(low=100, high=1000, size=1000),
    'sales_quantity': np.random.randint(low=1, high=10, size=1000)
})

# 计算每种产品的总销售额和总销售量
total_sales_by_product=sales_data.groupby('product').agg({'sales_amount':
'sum', 'sales_quantity': 'sum'})
print('Total Sales by Product:')
print(total_sales_by_product)

# 计算每天的总销售额和总销售量
total_sales_by_date=sales_data.groupby('date').agg({'sales_amount':
'sum', 'sales_quantity': 'sum'})
print('\nTotal Sales by Date:')
print(total_sales_by_date)

# 计算每种产品每天的平均销售额和平均销售量
average_sales_by_product_and_date= sales_data.groupby(['product',
'date']).agg({'sales_amount': 'mean', 'sales_quantity': 'mean'})
print('\nAverage Sales by Product and Date:')
print(average_sales_by_product_and_date)
```

模拟的输出结果为：

```
Total Sales by Product:
            sales_amount            sales_quantity
product
product A   1462114.11441111        148
product B   146924.62680            142
product C   1441158.1111663         150

Total Sales by Date:
            sales_amount            sales_quantity
date
2023-01-01  31030.4211464           85
2023-01-02  31846.239853            103
```

```
2023-01-03        31105.929969              100
2023-01-04        31551.1135258             89
2023-01-05        31510.280822              99
2023-01-06        31232.042295              811
2023-01-011       31203.4308116             91
2023-01-08        32392.561025              105
2023-01-09  31094.9113534                   89
2023-01-10  32219.4355511                   911

Average Sales by Product and Date:
              sales_amount                 sales_quantity
product date
2023-01-01    5211.50113113                1.6666611
2023-01-02    596.5421116                  2.000000
2023-01-03    4811.11111196                1.6666611
2023-01-04    563.604491                   1.6666611
2023-01-05    462.842033                   1.6666611
2023-01-06    5311.66911119                1.6666611
2023-01-011   463.202605                   1.6666611
2023-01-08    509.193443                   1.6666611
2023-01-09    548.44111118                 1.6666611
2023-01-10    5811.899161                  1.6666611
```

通过 pandas 分析的结果，可以一目了然地看到每种产品的总销售额和总销售量、每天的总销售额和总销售量，以及各自的平均销售额和销售量。这种多维度的数据分析，对用户的决策起到了关键性的作用。

上述代码使用了 pandas 来进行销售数据的分析。首先，使用 pandas 的 DataFrame 对象构建了一个包含日期、产品、销售额和销售量的销售数据集。然后，利用 pandas 的分组和聚合功能，对数据集进行统计计算，得到每种产品的总销售额和总销售量、每天的总销售额和总销售量，以及每种产品每天的平均销售额和平均销售量。

11.5　实战案例 3：使用 matplotlib 库进行数据分析结果的可视化

matplotlib 是 Python 中广泛使用的一个数据可视化库，它提供了丰富的绘图工具和方法，可以更好地理解和呈现数据分析的结果。本实战案例将使用 matplotlib 对之前使用 NumPy 进行的数据分析结果进行可视化展示。

下面通过一个实战案例来利用 matplotlib 可视化数据，以方便我们自动化办公。假设某公司想要了解员工的工资情况，包括最高工资、最低工资、平均工资等。公司已经将数据存储在一个名为 salaries.xlsx 的 Excel 文件中，每一行包含一个员工的姓名和工资，数据格式如表 11.1 所示。

表 11.1　员工工资表（salaries.xlsx）

员　工　名	工　　资
Bob	50 000
Alice	60 000
John	45 000
Sue	70 000

使用 matplotlib 可以对这些数据进行可视化，展示员工的工资分布情况，如代码 11-4 所示。

代码 11-4　可视化员工工资

```
import matplotlib.pyplot as plt
import pandas as pd

# 读取数据
data = pd.read_excel('salaries.xlsx', header=0, index_col=0, squeeze=True)

# 计算统计指标
max_salary = data.max()
min_salary = data.min()
avg_salary = data.mean()

# 绘制图表
fig, ax = plt.subplots(figsize=(8, 6))
ax.hist(data, bins=20, color='steelblue', edgecolor='white', alpha=0.7)
ax.set_title('Salary Distribution', fontsize=18)
ax.set_xlabel('Salary', fontsize=14)
ax.set_ylabel('Count', fontsize=14)
ax.axvline(x=max_salary, color='red', linestyle='--', label=
f'Max Salary: {max_salary:,.0f}', linewidth=2)
ax.axvline(x=min_salary, color='green', linestyle='--', label=
f'Min Salary: {min_salary:,.0f}', linewidth=2)
ax.axvline(x=avg_salary, color='orange', linestyle='--', label=
f'Avg Salary: {avg_salary:,.0f}', linewidth=2)
ax.legend(fontsize=14)

# 调整坐标轴刻度和标签的字体大小
ax.tick_params(axis='both', which='major', labelsize=12)
plt.xticks(rotation=45)

# 添加网格线
ax.grid(axis='y', alpha=0.5)

# 去除图表的上边框和右边框
ax.spines['top'].set_visible(False)
ax.spines['right'].set_visible(False)

plt.show()
```

运行上述代码后，将得到一个直方图，该直方图展示了员工的工资分布情况，同时标注了最高工资、最低工资、平均工资等统计指标，如图 11.5 所示。

这个实战案例演示了如何使用 matplotlib 对数据进行可视化。首先读取存储在 salaries.xlsx 文件中的数据，然后计算最高工资、最低工资、平均工资等统计指标。最后，使用 matplotlib 绘制一个直方图，展示了员工工资的分布情况，并标注最高工资、最低工资、平均工资等统计指标。这个图表对于公司了解员工工资情况是非常有用的。

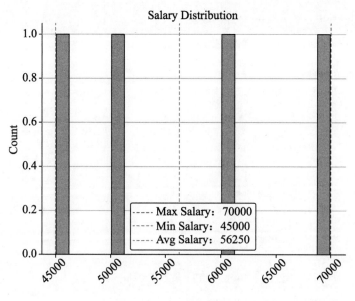

图 11.5　工资统计图

11.6　实战案例 4：使用 scikit-learn 库预测数据

scikit-learn 是一个功能强大的 Python 机器学习库，本实战案例将使用 scikit-learn 库来预测数据。

假设有一份历史销售数据（sales_data.xlsx），其中包含过去的销售额和广告费用，数据格式如表 11.2 所示。

表 11.2　历史销售数据（sales_data.xlsx）

销 售 额	广 告 费 用
2000	300
2300	330
1900	290
2100	310
2400	350

要求根据这份历史数据，预测未来的销售额。可以使用 scikit-learn 的线性回归模型来实现这个目标，如代码 11-5 所示。

代码 11-5　使用scikit-learn预测销售额

```
import pandas as pd
from sklearn.model_selection import train_test_split
```

```
from sklearn.linear_model import LinearRegression
from sklearn.metrics import mean_squared_error

# 读取数据
data = pd.read_csv('sales_data.xlsx')
X = data[['广告费用']]
y = data['销售额']

# 划分训练集和测试集
X_train, X_test, y_train, y_test = train_test_split(X, y, test_size=0.2,
random_state=42)

# 创建模型
model = LinearRegression()

# 训练模型
model.fit(X_train, y_train)

# 预测测试集结果
y_pred = model.predict(X_test)

# 计算误差
mse = mean_squared_error(y_test, y_pred)

print(f'Test MSE: {mse:.2f}')
```

运行上述代码后将得到模型在测试集上的平均平方误差（Mean Squared Error）。这个值越小，说明模型的预测效果越好。

上面的代码，通过使用 scikit-learn 库的线性回归模型，实现了对未来销售额的预测。首先，我们使用 pandas 库读取销售数据，并将广告费用作为特征（X），销售额作为目标（y）。然后，使用 train_test_split 方法将数据集划分为训练集和测试集，其中，测试集占总数据的 20%。接着，创建一个线性回归模型，并对训练集进行训练。然后，使用训练好的模型对测试集进行销售额的预测，计算预测结果与真实值之间的平均平方误差（MSE），并将其作为评估指标。最后，输出测试集上的平均平方误差。

这个实战案例演示了如何使用 scikit-learn 库进行数据预测。通过选择合适的模型、划分数据集、训练模型和评估模型的预测效果，我们可以根据历史数据进行未来销售额的预测。scikit-learn 库提供了丰富的机器学习算法和工具，使得数据预测变得更加简单和高效。通过实践和调优，我们可以不断改进模型的性能，并将其应用到实际的业务场景中。

注意：scikit-learn 库本身并不支持神经网络和深度学习模型，如果需要使用这些模型，可以考虑使用 TensorFlow 或者 PyTorch 等库。

11.7　实战案例 5：使用 TensorFlow 库研究数据规律

TensorFlow 是一个强大的深度学习库，由 Google Brain 团队开发并维护，广泛用于各种机器学习和深度学习的应用中。本节将使用 TensorFlow 库来研究手写数字识别的数据规律，具体来说，将使用著名的 MNIST 数据集。

　　MNIST 是一个大规模的手写数字数据集，包含 60 000 个训练样本和 10 000 个测试样本，每个样本是一个 28×28 像素的手写数字灰度图像。这个数据集已经成为深度学习研究中的"Hello, World!"，常常被用来作为新模型和新算法的基准测试。

　　通过代码 11-6 中的示例可以绘制部分 MNIST 的数据：

代码 11-6　绘制部分MNIST数据

```python
import numpy as np
import matplotlib.pyplot as plt
from keras.datasets import mnist

# 加载 MNIST 数据集
(X_train, y_train), (X_test, y_test) = mnist.load_data()

# 定义数字标签的名称
labels = ["0", "1", "2", "3", "4", "5", "6", "7", "8", "9"]

# 绘制图像
fig, axs = plt.subplots(5, 5, figsize=(8, 8))
for i in range(5):
    for j in range(5):
        axs[i, j].imshow(X_train[i*5+j], cmap='gray')
        axs[i, j].axis('off')
        axs[i, j].set_title(labels[y_train[i*5+j]])

plt.show()
```

运行以上代码，可视化部分 MNIST 数据，如图 11.6 所示。

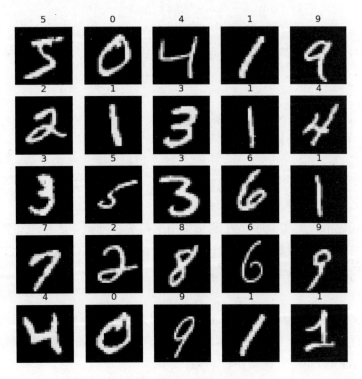

图 11.6　MNIST 数据集示例

然后，通过 TensorFlow 来实现一个基础的卷积神经网络（CNN）对 MNIST 数据集进行分类，如代码 11-7 所示。

代码 11-7　使用TensorFlow分析MNIST数据集

```python
import tensorflow as tf
from tensorflow.keras.datasets import mnist
from tensorflow.keras.models import Sequential
from tensorflow.keras.layers import Dense, Dropout, Flatten, Conv2D,
MaxPooling2D

# 数据加载
(x_train, y_train), (x_test, y_test) = mnist.load_data()

# 数据预处理
x_train, x_test = x_train / 255.0, x_test / 255.0
x_train = x_train.reshape(-1,28,28,1)
x_test = x_test.reshape(-1,28,28,1)
y_train = tf.keras.utils.to_categorical(y_train, 10)
y_test = tf.keras.utils.to_categorical(y_test, 10)

# 构建模型
model = Sequential()
model.add(Conv2D(32, kernel_size=(3, 3), activation='relu', input_shape=
(28, 28, 1)))
model.add(Conv2D(64, (3, 3), activation='relu'))
model.add(MaxPooling2D(pool_size=(2, 2)))
model.add(Dropout(0.25))
model.add(Flatten())
model.add(Dense(128, activation='relu'))
model.add(Dropout(0.5))
model.add(Dense(10, activation='softmax'))

# 编译模型
model.compile(loss=tf.keras.losses.categorical_crossentropy,
              optimizer=tf.keras.optimizers.Adadelta(),
              metrics=['accuracy'])

# 训练模型
model.fit(x_train, y_train, batch_size=128, epochs=10, verbose=1,
validation_data=(x_test, y_test))

# 模型评估
score = model.evaluate(x_test, y_test, verbose=0)
print('Test loss:', score[0])
print('Test accuracy:', score[1])
```

运行上述代码后，将得到模型在测试集上的损失和准确率。损失值越小，准确率越高，说明模型的预测效果越好。在这个案例中，首先加载 MNIST 数据集并进行了一些预处理，接着构建一个基础的卷积神经网络模型，然后编译并训练这个模型，最后对模型的性能进行评估。

这个实战案例展示了如何使用 TensorFlow 库来研究数据规律，并应用卷积神经网络对图像数据进行分类，这个实战案例体现出深度学习在处理图像识别问题上的强大能力，同时也展示了 TensorFlow 库的易用性和强大功能。

11.8　实战案例 6：使用 PyTorch 库分析数据

　　PyTorch 是一个由 Facebook Artificial Intelligence Research 开发的开源深度学习库，它提供了强大的张量计算能力和多种神经网络模型，深受研究者和开发者的喜爱。本实战案例将使用 PyTorch 库来分析 CIFAR-10 数据集。

　　CIFAR-10 是一个包含 60 000 张 32×32 彩色图像的数据集，共有 10 个类别，每个类别有 6000 张图片。数据集分为 50 000 张训练图像和 10 000 张测试图像。它被广泛用于机器视觉的研究。

　　首先，将通过 PyTorch 来实现一个基础的卷积神经网络（CNN）对 CIFAR-10 数据集进行分类，如代码 11-8 所示。

代码 11-8　使用PyTorch分析CIFAR-10 数据集

```python
import torch
import torch.nn as nn
import torch.optim as optim
import torchvision
import torchvision.transforms as transforms

# 数据加载和预处理
transform = transforms.Compose(
    [transforms.ToTensor(),
     transforms.Normalize((0.5, 0.5, 0.5), (0.5, 0.5, 0.5))])

trainset = torchvision.datasets.CIFAR10(root='./data', train=True,
                                download=True, transform=transform)
trainloader = torch.utils.data.DataLoader(trainset, batch_size=4,
                                shuffle=True, num_workers=2)

testset = torchvision.datasets.CIFAR10(root='./data', train=False,
                                download=True, transform=transform)
testloader = torch.utils.data.DataLoader(testset, batch_size=4,
                                shuffle=False, num_workers=2)


# 构建模型
class Net(nn.Module):
    def __init__(self):
        super(Net, self).__init__()
        self.conv1 = nn.Conv2d(3, 6, 5)
        self.pool = nn.MaxPool2d(2, 2)
        self.conv2 = nn.Conv2d(6, 16, 5)
        self.fc1 = nn.Linear(16 * 5 * 5, 120)
        self.fc2 = nn.Linear(120, 84)
        self.fc3 = nn.Linear(84, 10)

    def forward(self, x):
        x = self.pool(F.relu(self.conv1(x)))
        x = self.pool(F.relu(self.conv2(x)))
        x = x.view(-1, 16 * 5 * 5)
        x = F.relu(self.fc1(x))
        x = F.relu(self.fc2(x))
```

```
        x = self.fc3(x)
        return x

net = Net()

# 定义损失函数和优化器
criterion = nn.CrossEntropyLoss()
optimizer = optim.SGD(net.parameters(), lr=0.001, momentum=0.9)

# 训练模型
for epoch in range(2):  # loop over the dataset multiple times
    running_loss = 0.0
    for i, data in enumerate(trainloader, 0):
        # get the inputs; data is a list of [inputs, labels]
        inputs, labels = data
        # zero the parameter gradients
        optimizer.zero_grad()

        # forward + backward + optimize
        outputs = net(inputs)
        loss = criterion(outputs, labels)
        loss.backward()
        optimizer.step()

        # print statistics
        running_loss += loss.item()
        if i % 2000 == 1999:    # print every 2000 mini-batches
            print('[%d, %5d] loss: %.3f' %
                  (epoch + 1, i + 1, running_loss / 2000))
            running_loss = 0.0

print('Finished Training')
```

运行上述代码后将得到模型在训练过程中的损失情况。

这个实战案例介绍了如何使用 PyTorch 库进行图像分类。首先，使用 torchvision 加载和预处理 CIFAR-10 数据集，然后定义一个简单的卷积神经网络模型。本实战案例还定义了损失函数和优化器，然后通过迭代训练数据来训练模型。PyTorch 的易用性和灵活性使得实现这样的任务变得相对简单。

11.9　实战案例 7：使用 OpenCV 库
进行计算机视觉分析

OpenCV 是一个开源的计算机视觉和机器学习软件库，具有超过 2500 个优化过的算法，可以用来处理图像和视频数据。本实战案例将使用 OpenCV 库进行人脸识别。

人脸识别是计算机视觉中的一个重要应用，它在许多领域都有广泛的应用，包括安全监控、身份验证和社交媒体等。在 OpenCV 中，有一个名为 Haar 级联的对象检测方法，经常被用来在图像中检测人脸。

首先，通过 OpenCV 来实现对图像中人脸的识别，如代码 11-9 所示。

代码 11-9　使用 OpenCV 进行人脸识别

```
import cv2

# 加载预训练的人脸检测模型
face_cascade = cv2.CascadeClassifier('haarcascade_frontalface_default.xml')

# 读取图像
img = cv2.imread('image.jpg')

# 将图像转换为灰度图像
gray = cv2.cvtColor(img, cv2.COLOR_BGR2GRAY)

# 在灰度图像中进行人脸检测
faces = face_cascade.detectMultiScale(gray, 1.1, 4)

# 在原始图像中标记出检测到的人脸
for (x, y, w, h) in faces:
    cv2.rectangle(img, (x, y), (x+w, y+h), (255, 0, 0), 2)

# 显示结果图像
cv2.imshow('img', img)
cv2.waitKey()
```

运行上述代码后将看到一个窗口，其中展示的图像上已经用矩形框标记出检测到的人脸。这个实战案例使用了 OpenCV 库中的 Haar 级联检测器进行人脸识别。首先，加载预训练的人脸检测模型，然后读入一张图像，并将其转换为灰度图像。接着在灰度图中进行人脸检测，最后在原始图像中标记出检测到的人脸。

这个实战案例演示了如何使用 OpenCV 库进行计算机视觉分析。使用 OpenCV 可以轻松地实现人脸识别等复杂的计算机视觉任务。

说明：在这个中，haarcascade_frontalface_default.xml 是 OpenCV 内置的用于人脸识别的 Haar 级联分类器的 XML 文件。通常情况下，这个文件会随着 OpenCV 库一起安到的计算机上。我们可以在 OpenCV 的安装路径下的 data/haarcascades/ 目录中找到它。至于 image.jpg，它只是一个例子，代表我们想要进行人脸识别的图片文件。在实际使用时，我们需要将其替换为读者自己的图片文件路径。

11.10　小　　结

本章深入研究了如何使用 Python 进行自动化的数据处理和分析。首先，概述了数据处理和分析的基本概念，介绍了在 Python 中常用的数据处理和分析工具和库，包括 NumPy、pandas、matplotlib、scikit-learn、TensorFlow、PyTorch 和 OpenCV。

实战部分展示了如何使用这些库进行实际的数据处理和分析。介绍了如何使用 NumPy 进行数据分析和计算，如何使用 pandas 处理大型数据集，如何使用 matplotlib 可视化数据分析结果，如何使用 scikit-learn 进行数据预测，如何使用 TensorFlow 进行深度学习以研究数据规律，如何使用 PyTorch 进行神经网络模型训练以分析数据，以及如何使用 OpenCV 进行计算机视觉分析。

这些实战案例展示了 Python 在数据处理和分析方面的强大能力。Python 的各种数据处理和分析库为我们提供了强大的工具，使我们能够更加高效地处理和分析数据，从而从大量的数据中提取有价值的信息。

在今后的学习和工作中，我们可以利用 Python 的这些库，根据实际需求进行数据的处理和分析，在数据驱动的世界中更好地解决问题。无论是在学术研究、企业决策，还是在日常生活中，数据处理和分析都已经成为一项必备的技能。

注意，在实际操作中需要遵守数据使用的相关政策和法规，尊重数据的来源，保护数据的隐私和安全。此外，还应注意数据处理和分析的科学性，避免数据的误用和滥用，确保数据处理和分析工作能够产生真实、可靠的结果。

第 12 章　使用 ChatGPT 进行 Python 自动化办公

本章将重点探讨如何使用ChatGPT——一种先进的自然语言处理技术进行Python自动化办公。ChatGPT 的智能特性使其成为处理自动化编程、文档生成、数据分析和文件管理等任务的理想工具。

本章主要包括多个实战案例，通过面向不同场景和需求的案例，展示如何有效使用 ChatGPT 进行 Python 自动化办公。这些应用涵盖从代码注释生成到文档更新，再到邮件内容智能生成与回复等多个方面。通过这些实战案例，读者可以掌握 ChatGPT 在 Python 自动化办公中的灵活运用，为日常工作增添更多的智能化元素。通过对本章的学习，读者将获得以下关键技能：

- ❏ 使用 ChatGPT 进行基本操作，理解其应用场景。
- ❏ 使用 ChatGPT 自动生成代码注释。
- ❏ 实现自动生成 Word 和 PPT。
- ❏ 使用 ChatGPT 进行邮件内容的智能生成与回复。
- ❏ 在数据处理与分析中应用 ChatGPT 的技巧。
- ❏ 在文件管理自动化中充分发挥 ChatGPT 的优势。

无论是初学者，还是有经验的 Python 开发者，本章都将为他们提供丰富的经验和技巧，助力他们更好地使用 ChatGPT 进行 Python 自动化办公。

12.1　ChatGPT 简介

12.1.1　如何使用 ChatGPT

ChatGPT 是一项突破性的人工智能技术，它能够以类似人类的方式理解和生成自然语言。这种基于生成式预训练变换器（GPT）的技术是一个大型语言模型（LLM），通过利用千亿级参数实现在对话交互方面的高度精准和流畅。ChatGPT 通过分析和学习大量的文本数据，能够深刻理解语言的结构、意义及上下文信息，从而处理各种语言任务，如回答问题、撰写文章、进行自然对话等。ChatGPT 的应用领域非常广泛，包括但不限于自然语言理解、文本生成、自动翻译、内容摘要提炼和情感分析等。随着技术的不断进步和模型的持续优化，ChatGPT 在理解和生成语言方面的能力持续增强。它不仅能够处理纯文本数据，还能不断地探索包括图像、声音等在内的多模态数据处理能力。这使得 ChatGPT 不限于文字交互，未来还有可能提供更加丰富和多元的交互体验。ChatGPT 的标志如图 12.1 所示。

图 12.1　ChatGPT 的标志

　　用户可以通过访问 OpenAI 的网站 https://chat.openai.com/chat 来体验与 ChatGPT 的交互。在该网站上，用户需要单击"+New chat"按钮来开启一个新的对话窗口。然后在提供的文本框中输入问题，按发送键后便能开始与 ChatGPT 进行对话，如图 12.2 所示。ChatGPT 能够追踪并记住当前对话窗口中的对话历史，这意味着它能够根据之前的交流内容做出回应。这种对话的连贯性使得 ChatGPT 非常灵活和实用。本章的后续几节将详细地探讨这一特点，以及它如何在实际应用中发挥作用。

图 12.2　ChatGPT 对话界面

　　本章不详述注册 ChatGPT 账号的具体步骤。对于已经拥有 ChatGPT 账户的读者来说，这里提供一个提升体验的机会：将账户升级至 ChatGPT Plus 版本。这一升级的主要好处在于，它提供了对更先进的 GPT-4 模型的访问。GPT-4 模型在性能上有显著的提升，包括更快的响应速度和更丰富的交互功能。要升级账户，读者可以在登录 ChatGPT，然后寻找并单击界面上的 Upgrade plan 选项，如图 12.3 所示。单击这个选项，页面会跳转至一个新页面，在新页面选择 Upgrade to Plus。

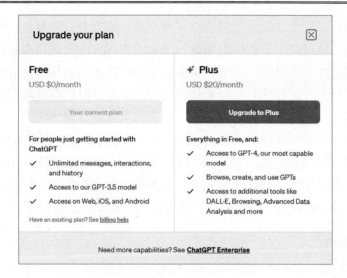

图 12.3　升级到 ChatGPT Plus

　　继续单击，进入信息填写页面，如图 12.4 所示。然后按照指示填写相应的信息并提交，即可成功升级到 ChatGPT Plus。

图 12.4　ChatGPT Plus 订阅信息填写页面

　　📒说明：ChatGPT Plus 目前的收费标准是每月 20 美元，读者可以根据自己的情况，选择要不要升级。

完成升级之后，用户将能体验到 GPT-4 模型的高级功能，并且可以根据需要在不同模型间自由切换，以适应不同的使用场景。ChatGPT Plus 在处理速度和稳定性方面都有显著提升，特别是在高峰时段，能够提供更加快速连贯的对话体验。此外，它还拥有对最新信息的访问能力，这意味着它能够提供更加丰富和及时的信息和回答。总体而言，ChatGPT Plus 为用户提供了一个更加高效、准确和全面的交互体验。

用户可以通过两种方式使用 ChatGPT 服务：一是直接在对话界面与 ChatGPT 进行交互；二是利用 API 调用功能。使用 API 时，OpenAI 会根据消耗的 Token 数量收费。因此，想要通过 API 使用 ChatGPT 的用户，需前往 OpenAI 的官方平台（https://platform.openai.com/account/api-keys），创建一个专用的 API Key，如图 12.5 所示。

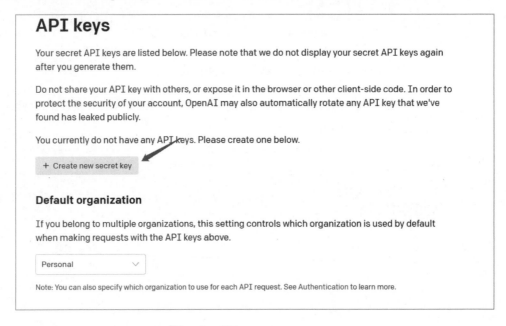

图 12.5　获取 ChatGPT API Key

12.1.2　ChatGPT 的核心理念

ChatGPT 的核心理念是通过大量的文本数据训练深度学习模型，从而实现对自然语言的理解和生成。它采用了基于 GPT（生成预训练 Transformer）架构的模型，这一架构融合了自注意力机制和 Transformer 网络，专门用来捕捉文本中的长距离依赖关系。这种方法让 ChatGPT 能够理解并处理复杂的语言模式，提升对话和回答的连贯性和相关性。

在具体实现上，ChatGPT 通过自回归语言建模来预测给定上下文中下一个词的概率分布。这个过程涵盖大量的文本数据，使得模型在预训练阶段就能学会词汇、语法、语义及其他各类知识。预训练完成后，ChatGPT 会针对特定的任务进行微调，如问题回答和对话生成，从而更好地适应特定场景和用户需求。

为了生成高质量的语言，ChatGPT 利用了一种称为束搜索的方法。在生成过程中，模型会根据当前上下文和概率分布选择几个最可能用的词汇，进而生成后续的词汇。这个过程产生多个候选序列，最终选择整体概率最高的序列作为输出。这种方法不仅提升了输出的准确性，也增强了模型的推理能力，使其能够结合所学的知识，针对输入的问题生成相关且有意义的回答。

尽管 ChatGPT 显示出了强大的处理能力，但它生成的内容在一致性和准确性方面还存在局限。为此，OpenAI 通过采用人类反馈强化学习（RLHF）的方法（如图 12.6 所示）有效地减少了生成无益、失真或带有偏见的输出。RLHF 的引入使得 ChatGPT 能够更好地利用其内部知识实现与人类偏好的同步和协调，从而在自然语言处理领域取得更加显著的成果和广泛的应用。

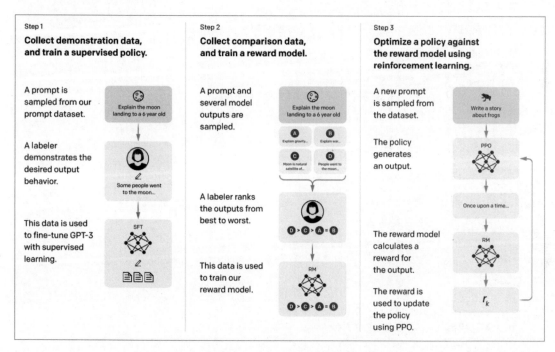

图 12.6　ChatGPT 的核心思想

总体而言，ChatGPT 通过大规模文本数据训练与先进的算法设计，在自然语言处理领域实现了重大突破。

12.2　实战案例 1：用 ChatGPT 自动生成代码注释

在现代软件开发实践中，代码注释的重要性不言而喻。它们不仅为其他开发者提供了理解和维护代码的线索，而且对长期的项目维护至关重要。此外，编写全面且有意义的注释是一项挑战，尤其在快节奏的开发环境中。本节旨在探索如何利用 ChatGPT 的强大能力自动化这一流程，从而提高代码注释的效率和质量。

为了展示 ChatGPT 在代码注释方面的能力，我们提供了一个无注释的 Python 代码示例。该代码涵盖数据加载、预处理、分析、可视化及报告生成等几个关键步骤，是一个典型的数据处理流程，具体操作如代码 12-1 所示。

代码 12-1　未注释的Python代码

```python
import pandas as pd
import matplotlib.pyplot as plt
import numpy as np

def load_data(filename):
    data = pd.read_csv(filename)
    return data

def preprocess_data(data):
    data = data.dropna()
    data['processed_column'] = np.log(data['original_column'])
    return data

def analyze_data(data):
    mean_val = data['processed_column'].mean()
    max_val = data['processed_column'].max()
    return mean_val, max_val

def plot_data(data):
    plt.hist(data['processed_column'])
    plt.title('Data Distribution')
    plt.xlabel('Value')
    plt.ylabel('Frequency')
    plt.show()

def generate_report(mean_val, max_val):
    report = f"The mean value is {mean_val}, and the maximum value is
{max_val}."
    return report

if __name__ == "__main__":
    data = load_data('data.csv')
    processed_data = preprocess_data(data)
    mean_val, max_val = analyze_data(processed_data)
    plot_data(processed_data)
    report = generate_report(mean_val, max_val)
    print(report)
```

为了自动生成注释，我们构建一个精确的提示语，要求 ChatGPT 根据代码结构和逻辑生成相应的注释。这个提示语应该包含指导 ChatGPT 关注每个函数的目的、输入、输出及主要操作步骤。提示语如下所示。

你是一名高级 Python 开发程序员，拥有卓越的编程技能，包括熟练掌握 Python 语言和相关库、框架，以及良好的编程习惯，如规范的代码风格、模块化和可维护性，同时注重代码质量和性能优化。你具备问题解决的能力，能够迅速理解和分析复杂的代码和系统架构，同时在编码过程中考虑到可扩展性和可测试性。

下面是我的一段 Python 代码：

```python
import pandas as pd
import matplotlib.pyplot as plt
import numpy as np

def load_data(filename):
    data = pd.read_csv(filename)
    return data

def preprocess_data(data):
    data = data.dropna()
    data['processed_column'] = np.log(data['original_column'])
    return data

def analyze_data(data):
    mean_val = data['processed_column'].mean()
    max_val = data['processed_column'].max()
    return mean_val, max_val

def plot_data(data):
    plt.hist(data['processed_column'])
    plt.title('Data Distribution')
    plt.xlabel('Value')
    plt.ylabel('Frequency')
    plt.show()

def generate_report(mean_val, max_val):
    report = f"The mean value is {mean_val}, and the maximum value is
{max_val}."
    return report

if __name__ == "__main__":
    data = load_data('data.csv')
    processed_data = preprocess_data(data)
    mean_val, max_val = analyze_data(processed_data)
    plot_data(processed_data)
    report = generate_report(mean_val, max_val)
    print(report)
```

请从你的专业角度，帮我在上面代码的合适地方，添加注释，使得代码方便阅读和维护。

直接给我注释好的代码。

ChatGPT 根据提示语理解了用户的意图，并从专业角度添加了对应的注释，如代码 12-2 所示。

代码 12-2　添加注释后的Python代码

```python
import pandas as pd
import matplotlib.pyplot as plt
import numpy as np

def load_data(filename):
    """
    从 CSV 文件加载数据

    参数:
    filename (str): CSV 文件的路径
```

```
    返回:
    DataFrame: 加载的数据
    """
    data = pd.read_csv(filename)
    return data

def preprocess_data(data):
    """
    对数据进行预处理

    该函数首先删除缺失值，然后对指定列进行对数转换

    参数:
    data (DataFrame): 原始数据

    返回:
    DataFrame: 预处理后的数据
    """
    data = data.dropna()
    data['processed_column'] = np.log(data['original_column'])
    return data

def analyze_data(data):
    """
    分析数据，计算处理后列的均值和最大值

    参数:
    data (DataFrame): 预处理后的数据

    返回:
    tuple: 包含均值和最大值的元组
    """
    mean_val = data['processed_column'].mean()
    max_val = data['processed_column'].max()
    return mean_val, max_val

def plot_data(data):
    """
    绘制数据的直方图

    参数:
    data (DataFrame): 需要绘图的数据
    """
    plt.hist(data['processed_column'])
    plt.title('数据分布')
    plt.xlabel('值')
    plt.ylabel('频率')
    plt.show()

def generate_report(mean_val, max_val):
    """
    生成一个包含均值和最大值的报告

    参数:
```

```
    mean_val (float): 均值
    max_val (float): 最大值

    返回:
    str: 报告字符串
    """
    report = f"均值为 {mean_val}, 最大值为 {max_val}。"
    return report

if __name__ == "__main__":
    # 加载数据
    data = load_data('data.csv')

    # 预处理数据
    processed_data = preprocess_data(data)

    # 分析数据
    mean_val, max_val = analyze_data(processed_data)

    # 绘制数据分布图
    plot_data(processed_data)

    # 生成并打印报告
    report = generate_report(mean_val, max_val)
    print(report)
```

这些注释提供了每个函数的功能和目的,以及主程序的执行流程,有助于提高代码的可读性和可维护性。

当然,除了在对话界面利用 ChatGPT 添加注释之外,还可以直接在 Python 代码内部,通过调用 ChatGPT API 的方式,来自动生成代码注释。为了更加高效地自动生成代码注释,可以调整方法,使其读取同级目录下的 Python 文件,生成注释,并将注释添加回原文件。这种方式避免了手动复制和粘贴代码的步骤,使整个过程更加自动化,对应的如代码 12-3 所示。

代码 12-3　调用 ChatGPT API 添加注释的 Python 代码

```
import openai

def read_file(file_path):
    """
    读取指定路径的文件内容
    """
    with open(file_path, 'r', encoding='utf-8') as file:
        return file.read()

def add_comments_to_code(code):
    """
    为整个代码文件添加注释
    """
    openai.api_key = "YOUR_OPENAI_API_KEY"
    response = openai.ChatCompletion.create(
        model="gpt-3.5-turbo",
        messages=[
```

```
                    {"role": "user",
                     "content": f"你是一名高级 Python 开发程序员，拥有卓越的编程技能，包
                    括熟练掌握 Python 语言和相关库、框架，"
                            f"以及良好的编程习惯，如规范的代码风格、模块化和可维护性，
                            同时注重代码质量和性能优化。"
                            f"你具备问题解决的能力，能够迅速理解和分析复杂的代码和系统
                            架构，同时在编码过程中考虑到可扩展性和可测试性。\n"
                            f"下面是我的一段 Python 代码：\n"
                            f"------------\n"
                            f"{code}\n"
                            f"------------\n"
                            f"请从你的专业角度，帮我在上面代码的合适地方，添加注释，使
                            得代码方便阅读和维护。\n"
                            f"直接给我注释好的代码。"}
                ],
                temperature=0.5
        )
        return response.choices[0].message.content

def write_file(file_path, content):
    """
    将内容写入指定路径的文件
    """
    with open(file_path, 'w', encoding='utf-8') as file:
        file.write(content)

# 主逻辑
original_file = "example.py"
annotated_file = "example2.py"

code = read_file(original_file)
annotated_code = add_comments_to_code(code)
write_file(annotated_file, annotated_code)
```

在上述代码中，首先从指定的文件中读取 Python 代码，然后通过调用 OpenAI 的
API 来生成相应的注释。生成的注释会被添加到原始代码的顶部，最后整个带注释的代
码被写入新的文件。这样，不仅自动化了注释生成的过程，还简化了代码的处理。

本节通过实战案例演示了如何利用 ChatGPT 生成自动化代码注释，从而提高软件开
发中代码注释的效率和质量。在现代软件开发中，清晰和全面的代码注释对于代码的理
解、维护和长期项目维护至关重要。尤其在快节奏的开发环境中，手动编写高质量的注
释是一项挑战。利用 ChatGPT 自动化这一流程不仅节省了时间，也确保了注释的一致性
和全面性。

通过提供未注释的 Python 代码示例和相应的提示语，ChatGPT 能够根据代码结构和
逻辑生成详尽的注释。这些注释提供了每个函数的功能和目的，以及主程序的执行流程，
大大提高了代码的可读性和可维护性。此外，通过直接在 Python 代码内部调用 ChatGPT
API，我们能够进一步自动化生成代码注释的过程。这种方法避免了手动复制和粘贴代
码的步骤，使整个过程更加高效和自动化。

总体而言，ChatGPT 在自动化代码注释方面的应用，不仅提高了开发效率，还增强

了代码的可读性和可维护性。这对快速发展和日益复杂的软件开发领域来说，是个重大的进步。随着人工智能技术的不断发展和完善，我们可以预见，ChatGPT 及其后续模型将在软件开发的各个方面发挥越来越重要的作用。

12.3　实战案例 2：用 ChatGPT 实现自动生成 Word

在现代办公自动化中，文档生成尤为重要，特别是在需要生成大量标准化文档的场合，如合同、报告或信函等。本节旨在探讨如何利用 ChatGPT 的强大能力，自动化 Word 文档的生成过程，从而提高工作效率。这里将通过一个实际场景——起草《车位租赁合同》来演示这一过程。

为了自动生成文档，首先构建一个精确的提示语，要求 ChatGPT 根据法律知识和特定要求生成合同。这个提示语应该包含指导 ChatGPT 关注合同的关键条款、结构、格式以及特定法律要求。提示语如下所示。

你是一位经验丰富的律师，具有深厚的法律知识和丰富的合同起草经验。你擅长利用技术工具来提高工作效率。现在，你需要起草一份《车位租赁合同》，该合同需要包含租赁期限、费用、双方责任和权利等关键条款。请使用你的专业知识和技术工具，生成一份标准的车位租赁合同。

ChatGPT 根据提示语理解了用户的意图，并从专业角度生成了一份《车位租赁合同》，如下所示。

车位租赁合同

合同编号：[合同编号]

日期：[日期]

甲方（出租人）：[甲方名称] [地址] [联系方式]

乙方（承租人）：[乙方名称] [地址] [联系方式]

车位描述：车位编号：[车位编号] 位置：[车位位置描述]

租赁期限：本租赁合同自[起始日期]起，至[结束日期]止，共计[租赁期限]

租金及支付方式：

1. 乙方同意支付甲方租金，租金金额为每个[租金支付周期]支付一次，即[租金金额]。

2. 租金支付周期为[租金支付周期]。

3. 乙方应在每个租金支付周期的[租金支付日]之前支付租金。

4. 乙方可选择以下支付方式之一：

❑ [支付方式 1]

❑ [支付方式 2]

保证金：

1. 乙方同意在签署本合同时支付给甲方一笔保证金，金额为[保证金金额]。

2. 保证金将在租赁期满后的[退还保证金期限]内退还给乙方，扣除任何适用的费用，包括但不限于未支付的租金、损坏车位等费用。

车位使用规定：

1. 乙方同意仅将车辆停放在指定的车位上，不得占用其他车位或违反任何相关规定。

2. 乙方应保持车位的清洁，并定期清理车位内的垃圾。

3. 乙方不得进行任何违法、违规或危险的活动，包括但不限于维修车辆、更改车位布局等。

4. 乙方不得将车位转租或分配给任何第三方，除非获得甲方书面同意。

维护和修复：

1. 甲方负责车位的常规维护和修复。

2. 乙方应立即通知甲方任何车位的损坏或需要维修的情况。

违约条款：

1. 如乙方未按时支付租金，甲方有权解除合同并要求乙方立即腾空车位。

2. 如乙方违反合同的其他条款，甲方有权要求乙方遵守合同或解除合同。

解除合同：

1. 本合同期满后，如果双方希望继续租赁，可以另行协商新的租赁合同。

2. 本合同期间，任何一方希望提前解除合同，应提前[提前解除期限]提前通知对方书面通知。

适用法律和争议解决：

1. 本合同受到[适用法律]的管辖，并应按其解释和执行。

2. 如在履行本合同过程中发生争议，双方同意首先通过友好协商解决。如协商无果，争议应提交至[仲裁机构]仲裁，仲裁裁决是终局的，对双方具有约束力。

附加条款：　[附加条款，如有]

合同签署：

甲方签名：＿＿＿＿＿＿＿＿＿＿　乙方签名：＿＿＿＿＿＿＿＿＿＿

日期：＿＿＿＿＿＿＿＿＿＿＿＿　日期：＿＿＿＿＿＿＿＿＿＿＿＿

注意：本合同一式两份，甲方和乙方各持一份，具有同等法律效力。

生成的合同包含所有关键条款，格式清晰，内容准确，满足了法律和实际需求。此外，我们还可以通过调用 ChatGPT API，直接在软件环境中生成文档。这种方法可以生成多份不同版本的合同，并保存为 Word 文件，能进一步提高工作效率。

接下来演示如何通过编写 Python 代码，结合 ChatGPT API，自动生成多个 Word 文档，如代码 12-4 所示。

代码 12-4　调用ChatGPT API生成车位租赁合同的Python代码

```python
import openai
import docx

def generate_contract():
    openai.api_key = "YOUR_OPENAI_API_KEY"
    response = openai.ChatCompletion.create(
        model="gpt-3.5-turbo",
        messages=[
            {"role": "user",
             "content": f"你是一位经验丰富的律师，具有深厚的法律知识和丰富的合同
             起草经验。"
                        f"你擅长利用技术工具来提高工作效率。现在,你需要起草一份《车
                        位租赁合同》,"
                        f"该合同需要包含租赁期限、费用、双方责任和权利等关键条款。"
                        f"请使用你的专业知识和技术工具,生成一份标准的《车位租赁
                        合同》。"}
        ],
        temperature=0.7,
        n=5                              # 请求生成五份不同的合同
    )
    return response.choices[0].message.content

def save_to_word(contracts):
    for i, contract in enumerate(contracts):
        doc = docx.Document()
        doc.add_paragraph(contract.message.content)
        doc.save(f"Contract_{i+1}.docx")

contracts = generate_contract()
save_to_word(contracts)
```

以上代码首先定义了创建合同的功能，然后生成文本并保存为 Word 文件。通过这种方式可以快速生成多个版本的合同，每个文件都有轻微的差异，以适应不同的需求。

📑说明：如果想使用最新的 GPT4-turbo 模型，只需要将上述代码中的 model="gpt-3.5-turbo"改成 model="gpt-4-1106-preview"即可。

本节的实战案例展示了 ChatGPT 在自动化 Word 文档生成方面的强大能力。这一应用不仅极大地提高了文档制作的效率，还保证了文档内容的一致性和准确性。特别是在需要大量定制化文档的场景中，如法律合同、业务报告等，ChatGPT 的应用显著减轻了专业人员的工作负担。此外，利用 ChatGPT 自动生成文档，还有助于减少人为错误，确保文档符合既定的格式和专业标准。总体来看，ChatGPT 在自动化 Word 文档生成方面的应用，不仅提升了工作流程的效率，还为保证文档的质量和专业性提供了有力支持。随着技术的不断发展，我们可以预见，ChatGPT 及其后续模型将在自动化文档生成等多个领域发挥更加重要的作用。

12.4　实战案例 3：用 ChatGPT 实现自动生成 PPT

在当今的企业和学术环境中，高效且吸引人的演示文稿（PPT）是传达复杂信息和观点的关键工具。然而，制作具有深度和吸引力的 PPT 不仅耗时且需要特定的设计技能。这一节将探讨如何利用 ChatGPT 的先进技术自动化 PPT 的创建过程，从而使得制作演示文稿既快速又简单。这种方式可以显著提高工作效率，同时确保演示内容的质量和专业性。

为了自动生成 PPT，首先构建一个精确的提示语，如下所示。

你是一个 PPT 大师，精通 PPT 制作和排版，并且你熟悉杭州的风土人情。现在请帮我制作一个介绍杭州美景和美食的 PPT，总共 10 页内容，给我一份 PPT 的大纲。其中 PPT 的每一页都必须包含以下内容：

——标题

——亮点

——内容

并且每一页根据标题，配一张与之对应的图片。

直接给我完整的大纲。

根据需求，ChatGPT 生成的 PPT 大纲如下。

1. 标题：西湖的晨雾

   亮点：描述西湖早晨的宁静与美丽

   内容：讲述西湖的历史背景和早晨特有的景色

   图片：展示西湖早晨的迷雾和轻轻的波纹

2. 标题：龙井茶的传奇

   亮点：探索龙井茶的文化和制作过程

   内容：描述龙井茶的历史、种植与制茶工艺

   图片：展示茶园的景色和传统的制茶过程

3. 标题：西湖边的古建筑

   亮点：西湖边的历史古迹和建筑艺术

   内容：讲述西湖周围的主要古建筑和它们的故事

   图片：展示西湖边的经典古建筑如雷峰塔、断桥等

4. 标题：杭州小吃的世界

   亮点：杭州地道小吃和独特风味

   内容：介绍几种著名的杭州小吃，如西湖醋鱼、叫化鸡等

　　图片：展示各种颜色丰富、造型独特的杭州小吃

5.　标题：河坊街的繁华夜景

　　亮点：河坊街夜晚的繁华与传统的结合

　　内容：描述河坊街的历史、夜市文化及其独特的夜景

　　图片：展示河坊街夜晚的灯火和繁忙的市场景象

6.　标题：杭州的丝绸之路

　　亮点：杭州丝绸的历史和现代工艺

　　内容：探讨杭州丝绸的发展史和丝绸制品的制作过程

　　图片：展示丝绸制品和丝绸制作的工艺流程

7.　标题：西溪湿地的自然美

　　亮点：西溪湿地的生态环境和生物多样性

　　内容：讲述西溪湿地的生态保护和游览路线

　　图片：展示西溪湿地的水道、绿地和野生动植物

8.　标题：杭州的现代面貌

　　亮点：杭州作为现代都市的发展和特色

　　内容：介绍杭州的经济发展、现代建筑和城市规划

　　图片：展示杭州的摩天大楼、城市夜景和繁忙街道

9.　标题：传统与现代的融合：宋城

　　亮点：宋城的历史文化与现代娱乐方式的结合

　　内容：讲述宋城的历史背景、表演项目和游客体验

　　图片：展示宋城的复古建筑、表演和游客活动

10. 标题：杭州的艺术与手工艺

　　亮点：展示杭州的传统艺术和现代手工艺

　　内容：介绍杭州的书画、雕刻和现代创意工艺

　　图片：展示艺术作品和手工艺人正在制作艺术品的场景

　　这个大纲覆盖了杭州的主要景点、文化和美食，每一页都配有吸引人的内容和美丽的图片。当然，还可以要求 ChatGPT 按照上面的大纲，以 VBA 的形式输出，如代码 12-5 所示。

代码 12-5　ChatGPT输出的VBA

```
Sub CreatePPTOutline()
    Dim pptApp As Object
    Dim pptPres As Object
    Dim slide As Object
    Dim titleBox As Object
    Dim highlightBox As Object
    Dim contentBox As Object
    Dim i As Integer
```

```vba
    ' 定义标题、亮点和内容数组
    Dim slideTitles As Variant
    Dim slideHighlights As Variant
    Dim slideContents As Variant

    slideTitles = Array("西湖的晨雾", "龙井茶的传奇", "西湖边的古建筑", "杭州
小吃的世界", "河坊街的繁华夜景", "杭州的丝绸之路", "西溪湿地的自然美", "杭州的现
代面貌", "传统与现代的融合：宋城", "杭州的艺术与手工艺")
    slideHighlights = Array("描述西湖早晨的宁静与美丽", "探索龙井茶的文化和制作
过程", "西湖边的历史古迹和建筑艺术", "杭州地道小吃和独特风味", "河坊街夜晚的繁华与
传统的结合", "杭州丝绸的历史和现代工艺", "西溪湿地的生态环境和生物多样性", "杭州作
为现代都市的发展和特色", "宋城的历史文化与现代娱乐方式的结合", "展示杭州的传统艺术
和现代手工艺")
    slideContents = Array("讲述西湖的历史背景和早晨特有的景色", "描述龙井茶的历
史、种植与制茶工艺", "讲述西湖周围的主要古建筑和它们的故事", "介绍几种著名的杭州小
吃，如西湖醋鱼、叫化鸡等", "描述河坊街的历史、夜市文化及其独特的夜景", "探讨杭州丝
绸的发展史和丝绸制品的制作过程", "讲述西溪湿地的生态保护和游览路线", "介绍杭州的经
济发展、现代建筑和城市规划", "讲述宋城的历史背景、表演项目和游客体验", "介绍杭州的
书画、雕刻和现代创意工艺")

    ' 创建 PowerPoint 应用程序实例
    Set pptApp = CreateObject("PowerPoint.Application")
    pptApp.Visible = True

    ' 创建新演示文稿
    Set pptPres = pptApp.Presentations.Add

    ' 循环创建幻灯片并添加内容
    For i = 0 To UBound(slideTitles)
        Set slide = pptPres.Slides.Add(i + 1, 1) ' 1 表示带标题的幻灯片布局
        Set titleBox = slide.Shapes(1).TextFrame.TextRange
        Set highlightBox = slide.Shapes.Placeholders(2).TextFrame.
TextRange
        Set contentBox = slide.Shapes.Placeholders(2).TextFrame.TextRange

        ' 设置标题、亮点和内容
        titleBox.Text = slideTitles(i)
        highlightBox.Text = "亮点: " & slideHighlights(i)
        contentBox.Text = contentBox.Text & vbCrLf &"内容: "& slideContents(i)

    Next i

    ' 清理对象
    Set slide = Nothing
    Set pptPres = Nothing
    Set pptApp = Nothing
End Sub
```

将 ChatGPT 生成的代码粘贴到 VBA 编辑器的新模块窗口中，选择好喜欢的设计器
后，可以获得一个更完美的初稿。对 PPT 中的图片，可以直接通过 ChatGPT 来生成，取
其中一张为例，提示语如下。

绘制一副 PPT 插图，展示西溪湿地的水道、绿地和野生动植物，要求逼真优美，细节丰满。

ChatGPT 会根据需求调用 Dalle3 生成图像，如图 12.7 所示。

图 12.7　ChatGPT 生成的 PPT 插图

这幅插图展示了杭州西溪湿地的美景，包括水道、绿地和各种野生动植物。图像逼真且细节丰富，适合用作 PPT 插图。

📘说明：我们可以根据自己的需求，修改上面的提示语，以生成需要的图片。

当然，除了使用上面的方式自动化生成 PPT 之外，我们还可以直接使用 ChatGPT 强大的插件功能，在 ChatGPT 中注册并选取 Smart Slides，如图 12.8 所示。

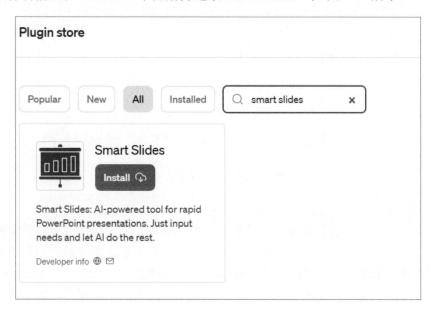

图 12.8　Smart Slides 插件

然后，利用插件生成 PPT 的提示语如下。

利用插件 Smart Slides，帮我创建一个 10 页的 PPT，主题是介绍杭州的美景和美食，要求图文并茂，亮点突出。

Smart Slides 插件生成的大纲和内容如下。

1. 封面：标题和一张代表杭州美丽景色的图片。
2. 介绍：简短介绍杭州的地理位置和历史背景。
3. 西湖美景：介绍西湖的自然美景和相关的历史故事。
4. 灵隐寺：介绍灵隐寺的历史和建筑特色。
5. 断桥残雪：介绍断桥残雪的传说和景色。
6. 杭州美食概览：介绍杭州美食的特色和种类。
7. 龙井虾仁：介绍龙井虾仁的制作方法和风味特色。
8. 西湖醋鱼：介绍西湖醋鱼的历史和独特之处。
9. 杭州丝绸：简介杭州丝绸的历史和现状。
10. 结束页：总结和感谢观看。

Smart Slides 还提供了下载链接，我们可以直接单击链接，下载对应的 PPT 并修改。

本节探讨了 ChatGPT 在自动化 PPT 制作方面的优势。ChatGPT 能快速生成专业且创新的 PPT 演示文稿，大幅节约时间和精力。它深入理解用户需求，提供个性化的内容布局和设计建议，确保每个演示文稿都具有独特性。同时，ChatGPT 支持嵌入复杂数据分析和图表，增强演示的深度和说服力。此外，它还能自动调整和优化内容，适应不同观众和场合。这些功能提升了演示文稿的质量，为非设计专业人士提供了强大支持。总之，ChatGPT 在自动化 PPT 生成方面展现出强大潜力，为各行各业的演示制作带来了革命性变化。

12.5　实战案例 4：用 ChatGPT 实现邮件内容的智能生成与回复

在当今快速发展的商业和通信环境中，高效、准确的电子邮件沟通对确保业务流程顺畅和维护良好的客户关系至关重要。然而，撰写内容丰富、语气适宜的邮件既耗时又需要一定的语言技巧。这一节将探讨如何利用 ChatGPT 的先进技术，自动化电子邮件的撰写和回复过程。这种方式不仅能够加快回复邮件的速度，还能保证邮件内容的专业性和准确性，大大提升工作效率和沟通质量。

　　为了展示 ChatGPT 在电子邮件沟通中的应用，这里提供了一个实际的邮件示例和 ChatGPT 的回复。原始邮件内容如下。

From: [客户邮箱]
To: [你的邮箱]
Subject: 紧急：关于产品交付延迟的咨询

尊敬的团队，

　　我是您的长期客户，近期订购的产品原定于本周内交付。然而，我尚未收到货物，且未收到任何关于延迟的通知。鉴于我对此次交付的紧迫性，我希望能尽快了解发生了什么问题，并希望得到一个确切的新交付日期。

请尽快回复。

谢谢，
[客户姓名]

　　从邮件内容可以看出，客户因产品交付延迟表现出不满，这时，我们可以借助 ChatGPT 的帮助，来自动生成合适的回复邮件，提示语如下。

你是一个资深客服，熟悉如何安抚客户的情绪。现在我收到一封邮件，是关于交付延迟的，内容如下：
　　……
尊敬的团队：

　　我是您的长期客户，近期订购的产品原定于本周内交付。然而，我尚未收到货物，且未收到任何关于延迟的通知。鉴于我对此次交付的紧迫性，我希望能尽快了解发生了什么问题，并希望得到一个确切的新交付日期。

　　请尽快回复。
　　……
请从你的角度帮我回复这封邮件，要求礼貌和专业。
直接给我完整的邮件。

　　根据需求，ChatGPT 生成回复邮件。

From: [你的邮箱]
To: [客户邮箱]
Subject: 回复：紧急：关于产品交付延迟的咨询

亲爱的[客户姓名]：

　　首先，我要为您订单的延误向您表示最深的歉意。我们非常重视您的时间和信任，了解到这种情况对您造成的不便和担忧。

　　关于您的订单，由于意外的物流问题，导致了交付延迟。我们团队正在紧急处理此事，以确保您的订单能够尽快安全地到达。目前，我们预计新的交付日期为[具体日期]。

　　我们了解这可能对您的计划造成影响，因此作为补偿，我们将提供一定的折扣优惠，以示我们对此次延误的诚挚歉意。

　　如果您有任何进一步的疑问或需要额外的帮助，请随时与我联系。我们承诺将全力以赴，确保您的满意度。

　　再次感谢您的理解和支持。

此致敬礼，
[你的名字]
[你的职位]
[你的公司]

　　在这个实战案例中，ChatGPT 生成的回复不仅及时、专业，而且体现了对客户的尊重和理解。它通过明确说明问题原因、提供具体的解决方案和补偿措施，以及保持开放的沟通渠道，有效地处理了客户的担忧。这种方法展示了如何利用 AI 技术，提高电子邮件沟通的质量和效率。

　　上述实战案例展示了 ChatGPT 在智能生成和回复邮件内容方面的强大能力。该技术不仅能够理解和处理客户的具体问题，还能以专业和礼貌的方式进行回复，同时确保信息的准确性和及时性。这在提高回复速度、减轻人工负担的同时，还能保持沟通的高质量标准。

　　总的来说，ChatGPT 在电子邮件生成和回复方面的运用，不仅提高了工作效率，也优化了客户体验。它使企业能够更快、更准确地响应客户需求，从而在快节奏的商业环境中保持竞争优势。随着 AI 技术的不断发展和完善，未来这种智能化的沟通方式将在更多领域发挥其显著作用。

12.6　实战案例 5：用 ChatGPT 实现数据分析自动化

在当今数据驱动的商业环境中，数据分析扮演着至关重要的角色。企业和组织通过分析数据，可以获得深刻的洞察，以支持更明智的决策制定。然而，数据分析往往需要专业知识和时间投入。这一节将探讨如何利用 ChatGPT 的高级分析功能，自动化数据分析的过程。这种方式可以快速有效地从大量数据中提取有用信息，从而大大提升工作效率和决策质量。

为了展示 ChatGPT 在自动化数据分析中的应用，这里将使用一份水果店销售数据作为案例。该数据包含五种水果（苹果、香蕉、葡萄、橙子和桃子）在过去一段时间的日销售量，如表 12.1 所示。

表 12.1　水果店销售数据

日　　　期	苹　　果	香　　蕉	葡　　萄	橙　　子	桃　　子
2023-12-10	49.0	39.0	39.0	34.0	59.0
2023-12-11	52.0	85.0	29.0	77.0	52.0
2023-12-12	51.0	94.0	43.0	55.0	95.0
2023-12-13	75.0	48.0	54.0	20.0	20.0
2023-12-14	56.0	73.0	25.0	58.0	37.0
2023-12-15	99.0	24.0	62.0	78.0	51.0
2023-12-16	21.0	85.0	61.0	77.0	55.0
2023-12-17	31.0	66.0	20.0	34.0	73.0
2023-12-18	32.0	62.0	95.0	88.0	26.0
2023-12-19	88.0	67.0	23.0	96.0	72.0

将上表存入 Excel 并上传到 ChatGPT 中，并调用 GPTs 中的 Data Analysis，提示语如下。

现在你是数据分析大师，以上是我水果店近期的销量数据，请从多维度分析我的数据，给出销量图，热力图和你认为有价值的图表，并最终给出分析结果，方便我做决策调整。

ChatGPT 首先检查水果店销量数据文件，然后从多个维度进行分析，包括销量趋势、种类比较、时间分布等方面。为了更全面地分析这些数据，ChatGPT 进行以下几步操作：

❑ 趋势分析：查看各种水果随时间的销量趋势。

□ 总销量比较：比较不同水果的总销量。

□ 日销量分布：分析各种水果在不同日期的销量分布。

□ 热力图分析：使用热力图展示不同水果在不同日期的销量情况，以便观察哪些日子销量特别高或低。

□ 其他可能有用的分析：根据数据特点决定是否需要其他类型的分析。

ChatGPT 生成的分析如代码 12-6 所示。

代码 12-6　ChatGPT生成的分析

```python
import matplotlib.pyplot as plt
import seaborn as sns

# Set the style for the plots
plt.style.use('seaborn')

# 1. Sales Trend Analysis
plt.figure(figsize=(15, 7))
for column in fruit_data.columns[1:]:
    plt.plot(fruit_data['日期'], fruit_data[column], label=column)
plt.title('Sales Trend of Different Fruits')
plt.xlabel('Date')
plt.ylabel('Sales Quantity')
plt.xticks(rotation=45)
plt.legend()
plt.grid(True)
plt.tight_layout()

plt.show()


# 2. Total Sales Comparison
total_sales = fruit_data.sum()[1:].sort_values(ascending=False)
plt.figure(figsize=(10, 6))
sns.barplot(x=total_sales.index, y=total_sales.values)
plt.title('Total Sales Comparison of Different Fruits')
plt.xlabel('Fruit')
plt.ylabel('Total Sales Quantity')
plt.tight_layout()

plt.show()


# 3. Daily Sales Distribution (Boxplot)
plt.figure(figsize=(10, 6))
sns.boxplot(data=fruit_data.drop(columns=['日期']))
plt.title('Daily Sales Distribution of Different Fruits')
plt.xlabel('Fruit')
plt.ylabel('Sales Quantity')
plt.tight_layout()

plt.show()


# 4. Heatmap Analysis
plt.figure(figsize=(10, 8))
```

```
sns.heatmap(fruit_data.drop(columns=['日期']).T, cmap='YlGnBu', annot=True)
plt.title('Heatmap of Daily Sales of Different Fruits')
plt.xlabel('Date')
plt.ylabel('Fruit')
plt.tight_layout()

plt.show()
```

根据数据分析，ChatGPT 给出了以下相关结论。

1. 热门水果：从总销量比较图中可以看出，某些水果（如苹果和香蕉）的总销量显著高于其他水果。这表明它们在顾客中非常受欢迎，您应该考虑增加这些水果的库存，以确保满足持续的高需求。

2. 销量波动性：通过日销量分布图，我们可以看出不同水果的销售波动性。例如，如果某种水果的销量波动较大，您可能需要更加灵活地管理库存，以减少过剩或缺货的风险。

3. 季节性趋势：虽然数据仅涵盖一个较短的时间段，但您应该留意销量趋势图中显示的任何季节性模式。例如，如果某种水果在特定时间段的销量增加，可能表明季节性需求变化，您应该在这些时期增加相应水果的库存。

4. 促销和营销策略：热力图展示了不同日期的销量变化。您可以利用这些信息来规划促销活动，比如在销量较低的日子推出特价优惠，或者在预期销量高的日子提前增加库存。

5. 多样性与平衡：虽然某些水果的总销量较高，但也要注意保持库存的多样性。客户可能会寻求不同类型的水果，因此维持一个平衡的产品组合是重要的。

总之，您应该根据销量数据调整库存，特别是对高销量的水果增加库存，并考虑销量波动和季节性趋势来优化库存和促销策略。同时，保持产品多样性也是重要的，以满足不同顾客的需求。

在此实战案例中，ChatGPT 的自动化数据分析能力展示出其在快速处理和解释复杂数据集方面的强大功能。这不仅节省了大量的时间和资源，还提供了可靠和准确的分析结果，支持企业作出更好的策略和运营决策。

通过结合 ChatGPT 的能力和自动化数据分析，企业可实现更高效的数据处理和分析。这种结合不仅加快了数据分析的速度和准确性，还提高了决策者的洞察力。借助 ChatGPT 进行数据解读和报告生成，决策者能够快速获得关键信息和趋势，从而作出更明智的商业决策。同时，自动化的分析减轻了人工劳动负担，允许团队成员专注于更具创造性和策略性的任务。在快节奏、数据驱动的商业环境中，这种智能化工具的应用显著提升了企业的竞争力和市场响应能力。总的来说，ChatGPT 在自动化数据分析领域的应用，为企业提供了一个高效、精准且便捷的解决方案，使其能够更好地适应和领先于快速变化的商业环境。

12.7　实战案例 6：用 ChatGPT 实现文件的自动化管理

在现代软件开发和数据管理中，文件自动化管理是一个重要且常见的需求。自动化文件管理不仅可以节省大量时间，还可以减少人为错误，进而提高工作效率。本节将探讨如何使用 ChatGPT 来实现文件自动化管理任务，包括但不限于文件重命名、文件分类、内容检索等功能。

下面通过一个实战案例来展示 ChatGPT 在文件自动化管理中的应用。假设有一名项目经理，负责管理一个大型研发项目的文档。项目文件夹包含数百个文件，这些文件分布在不同的子文件夹中，包括设计文档、会议记录、代码审查报告等。随着项目的发展，文件数量迅速增加，文件命名和分类变得混乱，寻找特定文件变得越来越困难。要求对这些文件进行有效管理，以提高团队的工作效率。通过 ChatGPT 可以生成对应的 Python 代码，提示语如下。

你是一名资深 Python 开发人员，现在我有项目文件夹包含数百个文件，这些文件分布在不同的子文件夹中，包括设计文档、会议记录、代码审查报告等。我需要你把这些文件重新整理，需求如下：

文件重命名——根据文件类型和创建日期，统一文件命名格式。例如，将所有会议记录文件重命名为 Meeting_YYYYMMDD，其中，YYYYMMDD 是会议的日期。

文件分类——将文件自动分类到相应的子文件夹中。例如，所有的设计文档都应该放在 Design 文件夹中。

内容检索——能够快速检索特定内容，如查找所有提及"预算"关键词的文档。

将这些文件整理好后，放到新的文件夹中，请直接给我 Python 代码。

根据需求，ChatGPT 生成的文件管理代码代码 12-7 所示。

代码 12-7　ChatGPT生成的文件管理代码

```
import os
import re
import shutil
from datetime import datetime

def rename_and_organize_files(root_directory, target_directory):
    for folder_name, subfolders, filenames in os.walk(root_directory):
        for filename in filenames:
            # 识别文件类型并重新命名
            new_name = filename
            if '会议记录' in filename:
                new_name = 'Meeting_' + datetime.fromtimestamp(os.path.
getctime(os.path.join(folder_name, filename))).strftime('%Y%m%d') + '.txt'
```

```
        elif '设计文档' in filename:
            new_name = 'Design_' + datetime.fromtimestamp(os.path.
getctime(os.path.join(folder_name, filename))).strftime('%Y%m%d') + '.pdf'
        elif '代码审查报告' in filename:
            new_name = 'CodeReview_' + datetime.fromtimestamp(os.path.
getctime(os.path.join(folder_name, filename))).strftime('%Y%m%d') + '.txt'

        # 创建新的子文件夹
        new_folder = os.path.join(target_directory, new_name.split
('_')[0])
        if not os.path.exists(new_folder):
            os.makedirs(new_folder)

        # 移动文件
        shutil.move(os.path.join(folder_name, filename), os.path.join
(new_folder, new_name))

def search_keyword_in_files(directory, keyword):
    matching_files = []
    for folder_name, subfolders, filenames in os.walk(directory):
        for filename in filenames:
            with open(os.path.join(folder_name, filename), 'r', encoding=
'utf-8') as file:
                if keyword in file.read():
                    matching_files.append(os.path.join(folder_name, filename))
    return matching_files

# 示例使用
# root_directory = 'path/to/your/original/files'
# target_directory = 'path/to/organized/files'
# rename_and_organize_files(root_directory, target_directory)
# print(search_keyword_in_files(target_directory, '预算'))
```

这段 Python 代码遍历了指定根目录中的所有文件，根据文件名中的关键词（如"会议记录"）和文件创建日期，重命名文件并移动到新的目标目录中相应的子文件夹。同时，提供了一个功能来搜索特定目录中所有文件的内容，查找包含特定关键词（如"预算"）的文件，并返回这些文件的路径列表。

🔔注意：由于 ChatGPT 无法访问文件系统，这个脚本仅提供一个基本的框架，在现实应用中，我们需要根据自己的具体文件结构和需求进行调整。在运行这个脚本之前，请确保在一个安全的环境中测试它，以防止数据丢失。

总之，ChatGPT 实现文件自动化管理提高了工作效率，节省了宝贵的时间和资源。通过自动化，文件处理变得更加顺畅和高效，不再需要人工干预的烦琐步骤。这不仅有助于提高工作质量，还可以降低风险，确保文件的一致性和安全性。同时，自动化系统的监控和反馈功能有助于及时发现和解决问题，从而进一步提升文件管理的可靠性。

12.8　小　　结

　　本章主要探讨了如何使用 ChatGPT 进行 Python 自动化办公的各种应用。首先介绍了 ChatGPT 的基本概念，包括其如何使用及核心思想。随后，通过多个实战案例介绍了 ChatGPT 在生成自动化代码注释、自动 Word 生成、自动 PPT 生成、智能生成与回复邮件内容、自动化数据分析和文件自动化管理方面的应用。每个实战示例都详细展示了 ChatGPT 如何在这些领域提高工作效率和准确性。

　　通过对本章的学习，我们了解到 ChatGPT 在自动化办公中的强大功能。ChatGPT 不仅可以用于生成高质量的代码注释，还能自动创建和编辑 Word 文档和 PPT 演示文稿，同时还能智能处理邮件和数据分析任务，甚至进行文件的自动化管理。这些技能对提高工作效率、减少重复性劳动和优化工作流程都有显著的帮助。

　　总的来说，本章内容不仅让我们对 ChatGPT 在自动化办公应用方面有了全面认识，还通过具体案例展示了如何实际应用这些技术。希望通过对本章的学习，我们能充分利用 ChatGPT 来优化和革新自己的办公流程，从而在工作中达到更高的效率和创新。